KATRIN UND FRANK HECKER

Kann ich das essen — oder bringt mich das um?

KOSMOS

Mehr entdecken, mehr verstehen

DAS KOSMOS VERSPRECHEN

Expertenwissen seit 1822

Welches Thema dich auch begeistert – auf unsere Expertise kannst du dich verlassen. Und das schon seit über 200 Jahren.

Unser Anspruch ist es, dich mit wertvollem Rat zu begleiten, dich zu inspirieren und deinen Horizont zu erweitern.

BEGEISTERUNG DURCH KOMPETENZ

Unsere Autorinnen und Autoren vereinen professionelles Know-how mit großer Leidenschaft für ihre Themen.

WISSEN, DAS DICH WEITERBRINGT

Leicht verständlich, lebensnah und informativ für dich auf den Punkt gebracht.

SACHVERSTAND, DEN MAN SEHEN KANN

Mit aussagestarken Fotos, Zeichnungen und Grafiken werden Inhalte besonders anschaulich aufbereitet.

QUALITÄT FÜR HEUTE UND MORGEN

Dafür sorgen langlebige Verarbeitung und ressourcenschonende Produktion.

Du hast noch Fragen oder Anregungen?
Dann kontaktiere unsere Service-Hotline: 0711 25 29 58 70
Oder schreibe uns: kosmos.de/servicecenter

Inhalt

Essbar oder giftig?

Wir sind umgeben von einer Vielfalt an urwüchsiger, unverfälschter und gesunder Nahrung. Aber aufgepasst: Verwechsle nicht essbare mit giftigen Wildpflanzen!

NATÜRLICH & GESUND

Wilde Kräuter und Beeren gedeihen ohne Dünger und ohne Gifte, denn sie sind seit Jahrmillionen perfekt an ihre wilden Lebensräume angepasst. Mit sogenannten sekundären Pflanzeninhaltsstoffen schützt sich jede Wildpflanzenart individuell und natürlich gegen UV-Licht, Regen, Fressfeinde, Pilze und Bakterien. Diese unverfälschten, ursprünglichen Wirkstoffe sind es, die die außergewöhnlichen und vielfältigen Geschmacksrichtungen von Wildpflanzen ausmachen und die nebenbei noch ausgesprochen gesund für uns sind.

GENIESSEN OHNE REUE

Doch nicht alles, was wild wächst, ist automatisch auch für uns Menschen gesund und genießbar. Mit diesem Buch möchten wir dir einen praktischen Begleiter an die Hand geben, der dir verlässlich dabei hilft, Essbares von Ungenießbarem oder gar Giftigem zu unterscheiden.

Was du unbedingt wissen solltest

Manche Kräuter sind nur zu bestimmten Jahreszeiten genießbar, andere nur in kleinen Mengen, manche Früchte darfst du ausschließlich gekocht oder nach längerer Lagerung verwenden, und einige Wildpflanzen haben sogar giftige Doppelgänger! Wir sagen dir, was wirklich wichtig ist.

SAMMELN, WO ES SUMMT

Schau genau, wo du Wildkräuter und -beeren sammelst! Denn was du isst, kann nur so gesund sein wie der Lebensraum, in dem es gewachsen ist. Deshalb meide die Nähe von Äckern, Straßen, Bahngleisen und Hunde-Gassi-Strecken.

SAMMLE ACHTSAM

Pflücke nur, was du wirklich kennst, und so, dass niemand bemerkt, dass hier bereits gesammelt wurde. Nimm wenig und gehe achtsam mit deinem Sammelgut um.

LUFTIG TRANSPORTIEREN

Nur unbeschädigte, gesunde Pflanzen und nicht in Naturschutzgebieten sammeln

SCHAU GENAU HIN

Sammle nur Kräuter oder Früchte, die du eindeutig bestimmen kannst und die ganz offensichtlich frisch und unbeschädigt aussehen. Keine verwelkten, bräunlichen Blätter oder Blüten sammeln, Früchte sollten sich in der Regel fest anfühlen. Wann immer du unsicher bist: Nimm nichts mit und lass Welkes und Überreifes stehen.

DIESE SYMBOLE FINDEST DU IM BUCH

DIESE PFLANZE IST ESSBAR

Welche Teile der Pflanze genau essbar sind – also ob Wurzeln, Blätter, Blüten, Früchte oder Samen – erfährst du in der Beschreibung. Wir zeigen die wichtigsten Inhaltsstoffe der Pflanze auf, wo es sinnvoll zu wissen ist, und auch, wie du sie am besten zubereiten kannst, um in den vollen Genuss ihres Geschmacks zu kommen.

DIESE PFLANZE IST HEILSAM

Viele unserer heimischen Wildpflanzen bereichern bereits seit Jahrtausenden nicht nur den Speisezettel der Menschheit, sondern sind wegen ihrer heilkräftigen Wirkung besonders beliebt. Wir sagen dir, welche Inhaltsstoffe die Pflanze heilsam machen und wie du sie am besten zubereiten kannst, um ihre Wirkstoffe bestmöglich auszunutzen.

DIESE PFLANZE HAT GIFTIGE DOPPELGÄNGER

Besonders tückisch: Es gibt Wildpflanzen, die täuschend ähnliche, aber giftige „Doppelgänger" in der Natur haben. Besonders gefährlich ist dies, wo solche Doppelgänger sogar im selben Lebensraum und zur selben Zeit vorkommen wie die essbare Art. Präge dir die giftigen Doppelgänger gut ein oder nimm vorsichtshalber dieses Buch mit zum Sammeln, so dass du noch einmal vor Ort nachschlagen kannst.

DIESE PFLANZE IST BESONDERS ERGIEBIG

Das bedeutet, sie ist auch in größeren Mengen genossen gut verträglich, angenehm im Geschmack und häufig in der Natur zu finden, wie beispielsweise Giersch, Vogelmiere oder Brennnessel. Solch ergiebige Pflanzen kannst du als „Massegeber" in Gerichten verwenden oder auch auf Vorrat sammeln und einfrieren, trocknen oder in Öl, Essig oder Alkohol haltbar machen (Seiten 10–17).

DIESE PFLANZE SOLLTEST DU SPARSAM DOSIEREN

Dies gilt für Pflanzen, die in kleinen Mengen verzehrt unbedenklich, schmackhaft oder sogar gesundheitsfördernd sind, in größeren Mengen aber aufgrund einzelner Wirkstoffe nicht gesund sind. Beispiele hierfür sind der Sauerklee mit seiner schwach giftigen Oxalsäure und der Waldmeister mit den enthaltenen Cumarinen.

DIESE PFLANZE SAMMELST DU AM BESTEN VON MAI BIS JUNI

Pflanzen oder einzelne Pflanzenteile sollten dann gesammelt werden, wenn sie möglichst jung und frisch sind. Deshalb zeigen wir dir für jede Pflanze den optimalen Zeitraum an, innerhalb dessen du die Pflanze am besten verwendest. Manche Pflanzen wie der Löwenzahn können von März bis in den Oktober hinein gesammelt werden: Im Frühjahr sammelst du ihre jungen Blätter, im Sommer die Blüten und im Herbst die Wurzeln.

DIESE PFLANZE IST GIFTIG

Finger weg: Diese Pflanze enthält Giftstoffe, die für den menschlichen Verzehr bedenklich, gesundheitsschädigend oder sogar tödlich giftig sind!

KÖNNEN PFLANZEN UNS UMBRINGEN?

Tatsächlich gibt es bei uns nicht nur tödlich giftige Pilze – auch einige heimische Wildkräuter und -früchte sind ausgesprochen giftig. Sogar unter unseren beliebten, „ganz normalen" Zier- und Gartenpflanzen gibt es einige, die tatsächlich sehr giftig sind. Deshalb sei nie leichtsinnig und sammle nur, was du wirklich eindeutig bestimmen kannst. Im Zweifel gilt immer: Stehen lassen!

UNGENIESSBAR ODER GIFTIG?

Die Übergänge sind fließend: manche Pflanzen sind einfach ungenießbar, aber nicht gefährlich. Andere, wie die beliebten Holunderbeeren und Vogelbeeren, sind roh schwach giftig, gekocht aber sehr gesund, da durch das Kochen die Giftstoffe abgebaut werden. Dann gibt es Giftpflanzen, die je nach aufgenommener Menge meist nur Magen-Darm-Beschwerden verursachen. Am Ende dieser Skala stehen die wirklich gefährlichen Giftpflanzen wie Einbeere, Seidelbast, Schierling, Herbstzeitlose, Fingerhut oder Goldregen. Bereits wenige Blätter oder Früchte dieser Pflanzen können zu Atemlähmung oder Herzstillstand führen.

HABEN PFLANZEN DOPPELGÄNGER?

Wenn du rausgehst, um Kräuter oder Beeren zu sammeln, musst du dich vorher unbedingt mit ihren giftigen Doppelgängern vertraut machen. Gibt es solche, findest du in diesem Buch einen Hinweis bei der essbaren Art. Nimm dir die Zeit, schau nach und präge dir die Merkmale der Verwechslungsart gut ein. Insbesondere beim Bärlauch, den jeder zu erkennen glaubt, kommt es jedes Jahr wieder zu Verwechslungen mit dem giftigen Aronstab, den hochgiftigen Herbstzeitlosen und Maiglöckchen.

Gesunder Bärlauch (links) und giftiges Maiglöckchen (rechts)

Tödlich giftig: Goldregen im Garten

VERMEIDBARE IRRTÜMER

Vergiftungen mit heimischen Pflanzen sind unseres Erachtens nach vermeidbar, und man muss auch kein ausgebildeter Kräuterkundiger sein, um sich ans Sammeln von Wildpflanzen zu wagen. Viele Arten sind einfach zu erkennen und auch nicht zu verwechseln. Bei anderen braucht es oft nur wenige Details, die den Unterschied klar erkennen lassen. Diese Details findest du in diesem Buch bei jeder Pflanze genau beschrieben.

RISIKO DOLDENBLÜTLER

Es gibt eine Reihe von Pflanzen, die schwierig zu bestimmen sind und darüber hinaus auch noch mehrere tödlich giftige Doppelgänger haben. Dazu zählen viele Arten aus der Familie der Doldenblütler wie die heimische Wald-Engelwurz *(Angelica sylvestris)* oder der Wiesen-Bärenklau *(Heracleum spondylium)*. Ihre Doppelgänger, wie Gefleckter Schierling (*Conium maculatum*, Seite 88) und Hundspetersilie (*Aethusa cynapium* Seite 88), sind so extrem ähnlich und dabei tödlich giftig, dass wir beschlossen haben, solche Risiko-Arten in diesem Buch auszuklammern. Denn es gibt so viele andere, viel einfacher zu bestimmende, wohlschmeckende Pflanzen zu finden.

Tödlich giftiger Doldenblütler: der Gefleckte Schierling

Zubereiten & haltbar machen

Ganz frisch schmecken wilde Kräuter und Früchte am besten. Und man braucht kein großes Talent am Herd, um daraus ganz einfach die leckersten Gerichte zu zaubern. Wenn du die großartigen Aromen das ganze Jahr hindurch genießen willst, gibt es natürlich auch verschiedene Methoden, sie zu konservieren.

Gibt unserem Stoffwechsel im Frühling einen Schubs: Salat aus Sauerampfer, Gierschknospen, Löwenzahnblüten, Gänseblümchen, Gundermann und Wiesen-Kerbel.

Frisch gesammelt schmecken wilde Früchte meist am besten. Manche von ihnen, wie die Schlehe, werden aber erst verarbeitet so richtig zum Genuss.

Viele kennen Tee nur aus getrockneten Kräutern. Koche dir deinen Tee, wann immer möglich, aus frischen Kräutern!

Einfach und lecker: ein paar Röllchen Schnittlauch auf ein Quarkbrot streuen.

MÖGLICHST FRISCH AUF DEN TISCH: SUPPE, SALAT & AUFSTRICH

Wann immer möglich solltest du Kräuter und Früchte ganz frisch genießen – dann sind all ihre Wirkstoffe noch voll erhalten. Mit einfachen, schlichten Rezepten kannst du dich selbst motivieren, deine kostbaren Schätze unmittelbar zu verarbeiten.
Gib deinem Körper Zeit, sich an die zunächst ungewöhnlich intensiven Aromen von Wildgemüse zu gewöhnen: Sie enthalten deutlich mehr Bitterstoffe, als du es vielleicht von gezüchtetem Gemüse oder Salat gewöhnt bist. Mische zuerst nur eine Handvoll gewaschener, klein geschnittener Wildkräuter in deinen Salat oder in deine Suppe, das genügt. Hat sich dein Körper daran gewöhnt, erhöhst du nach und nach die Menge an zugefügten Wildkräutern. Nach einiger Zeit wirst du vielleicht ein richtiges Verlangen nach wilden Kräutern verspüren. Genauso sagt dir dein Körper aber vielleicht auch: Das ist jetzt genug.

AUFS BROT

Ob Quark, Frischkäse, Butter oder Olivenöl: Frische Kräuter klein gehackt bereichern völlig unkompliziert, effektvoll und gesund alle möglichen Aufstriche.
Du kannst sie einfach mit Quark oder Butter vermischen, etwas Salz dazu geben – mehr braucht es nicht und dein Brot schmeckt einzigartig!
Oder nach mediterraner Art: Die klein gehackten Kräuter mit einem guten Olivenöl und Salz vermischen, gib noch etwas Knoblauch dazu, wenn du magst. Brot hineinstippen – einfach und köstlich (und vegan).

KRÄUTER & BEEREN TROCKNEN – ABER RICHTIG!

Beliebt ist das Bild von Kräutersträußen, die an alten Scheunenfenstern zum Trocknen hängen. Ein hübsches Bild, nur nicht geeignet, wenn du die Kräuter später auch nutzen möchtest. Der Nachteil solcher Sträuße ist, dass sie im Inneren meist zu langsam trocknen. Dadurch verfärben sich die Blätter dort häufig braun, sie beginnen (unsichtbar) zu verpilzen oder zu schimmeln. Das Sonnenlicht (auch am Fenster) zerstört Wirkstoffe.

Solche Rahmen mit einem Boden aus feinem Drahtgitter oder Gaze sind sehr praktisch zum Trocknen.

WENN ES SCHNELL GEHEN SOLL

Sogenannte „Dörrapparate", in denen Kräuter und Beeren im warmen Luftzug getrocknet werden, liefern sehr gute Qualitäten, weil der Trocknungsvorgang bei niedrigen Temperaturen und innerhalb weniger Stunden geschieht. Funktioniert fast ebenso gut: Kräuter oder Früchte auf einem Backblech ausbreiten und bei 40 °C im Backofen mit eingeklemmtem Kochlöffel in der Ofentür trocknen lassen.

Wir trocknen unsere Kräuter deshalb anders: locker und luftig ausgebreitet auf luftdurchlässigen Unterlagen im Halbschatten oder Schatten im Zimmer. Das kann ein dünnes Tuch auf einem Tablett sein (damit die Kräuter nicht beim ersten Luftzug im Zimmer heruntergepustet werden) oder ein Rahmen mit einem feinen Gitter oder Gaze, bei größeren Pflanzen genügt einfach ein dünnes Laken oder Pollenvlies auf einem Wäscheständer.

FARB- UND GERUCHSPROBE

Gut getrocknete Kräuter sind schön grün (nicht gelblich-bräunlich oder gräulich), sie rascheln beim Zerknüllen und duften intensiv nach „Kraut“ (nicht muffig oder gar ohne Duft).

Zum Trocknen kleiner Blüten und Blätter legen wir Mulltücher oder Pollenvlies auf ein Tablett.

WILDKRÄUTER UND -FRÜCHTE EINFRIEREN

Ob Bärlauch, Knoblauchsrauke oder Vogelbeeren – wir frieren unser Sammelgut sehr oft nach dem Spaziergang erst einmal ein. So können wir in Ruhe den Zeitpunkt zum Verarbeiten selbst bestimmen und es wird garantiert nichts schlecht. Außerdem finden wir, dass Kräuter durch das Einfrieren mehr Aroma behalten als beim Trocknen. Früchte werden durch das Einfrieren generell etwas matschig. Bei manchen, wie Schlehen, Vogelbeeren, Kornelkirschen oder Sanddorn, ist das sogar von Vorteil, weil sie beim Auftauen leichter ihren Saft abgeben und nicht mehr ganz so herb schmecken. Eingefrorene Brombeeren und Himbeeren können immer noch gut zu Marmelade verkocht werden.

EINSALZEN: WENIGER GELÄUFIG – WIR LIEBEN ES!

Einfacher geht es kaum: Nimm nach dem Spaziergang dein Kräutersträußchen und zerkleinere es ganz, ganz fein. Vermische die Kräuter mit derselben Menge eines guten, naturbelassenen Salzes (ohne Rieselhilfen, ob grob oder fein, ist egal) und fülle das feuchte Gemisch in ein verschließbares Glas. Drei Tage durchziehen lassen, dann noch einmal in der Küchenmaschine oder mit dem Stabmixer ordentlich vermischen. Auf einem Backblech oder Tuch ausbreiten und trocknen lassen – fertig ist dein sehr persönliches Spezial-Kräutersalz dieses Tages.

Kornblumen-Blütensalz

KOSTBARE TROPFEN: EINLEGEN IN ESSIG, ÖL & ALKOHOL

Selbst angesetzte Liköre, Öle und Essige sind keine Hexerei, laden ein, kreativ zu werden, und sind schöne, individuelle und gesunde Geschenke aus der Natur.
Essig, Öl und Alkohol sind sehr gut geeignet, um Inhaltsstoffe aus Kräutern oder Früchten herauszulösen. Nach drei Wochen „Ziehzeit“ hat man einen feinen, würzigen und gesunden Tropfen.

KRÄUTER & FRÜCHTE IN ESSIG

Frische Kräuter oder Früchte gut zerkleinern, ein Weithalsglas zu einem Drittel damit befüllen und mit Apfelessig übergießen bis das Glas voll ist. Das Glas fest verschließen und drei Wochen an einem warmen, nicht sonnigen Ort stehen lassen, regelmäßig schwenken. Den fertigen Essig durch einen feinen Teefilter gießen und in eine (möglichst dunkle) verschließbare Glasflasche füllen. Für eine bessere Haltbarkeit noch einen Teelöffel Essigessenz zugeben. Die Haltbarkeit entspricht nun derjenigen des gewählten Essigs.

KRÄUTER & FRÜCHTE IN ÖL

Die Kräuter oder Früchte am besten einige Stunden anwelken lassen, da Frisches in Öl leicht Schimmel ansetzt. Dann ein Weithalsglas zu einem Drittel mit den zerkleinerten Kräutern oder Früchten befüllen und das Glas anschließend bis oben hin mit einem guten Olivenöl (wird nicht so schnell ranzig wie andere Öle) auffüllen. Das Glas nicht fest verschließen, damit die Restfeuchtigkeit nach und nach entweichen kann. Stattdessen einen Teefilter aus Papier oder ein Stückchen Küchenrolle mit einem Gummiband zum Verschließen benutzen. Das Glas regelmäßig schwenken. Nach drei Wochen an einem warmen, nicht sonnigen Platz das fertige Öl durch einen feinen Teefilter gießen und in eine saubere, verschließbare (möglichst dunkle) Flasche füllen. Hält so lange, wie auf dem verwendeten Öl angegeben.

KRÄUTER & FRÜCHTE IN ALKOHOL

Am besten eignet sich hierzu ein 40-prozentiger, geschmacksneutraler Alkohol wie Wodka. Du gehst genauso vor wie beim Einlegen in Essig. Da Alkohol sehr lange haltbar ist, darfst du Kräuter, Wurzeln oder Früchte aber auch ruhig über mehrere Monate darin ausziehen lassen. Wählst du bittere Würzkräuter wie Beifuß, Löwenzahn, Wegwarte oder Wacholder, erhältst du einen Magenbitter. Mit Früchten wie Kornelkirsche oder Brombeere und einer Handvoll Kandiszucker wird daraus ein süffiger Likör. Bitte daran denken, dass alkoholische Auszüge für Kinder und Schwangere nicht geeignet sind.

ALLES SOLL GUT BEDECKT SEIN

Ganze Kräuterstängel in einem selbst angesetzten Essig, Öl oder Likör zu belassen sieht zwar hübsch aus, ist aber nicht zu empfehlen. Denn alles, was mit dem Leeren des Inhalts schließlich oben herausguckt, beginnt leider leicht zu schimmeln.

Alkohol ist ein sehr gutes Konservierungsmittel, das Aromen und Inhaltsstoffe von Kräutern, Blüten und Früchten lange haltbar macht.

Bringe dir ein paar Hände voll Beeren von deinem nächsten Spaziergang mit und mache was Leckeres daraus …

MARMELADEN, CHUTNEYS & SÄFTE

Es braucht wirklich kein stundenlanges Pflücken, Entsaften oder Einkochen, um in den Genuss von Wildfruchtmarmeladen oder -säften zu kommen. Sammle dir doch einfach beim Spaziergang ein paar Hände voll Früchte für einen köstlichen Wildfrüchtepunsch, den du dir zu Hause frisch zubereitest. Oder für ein Glas Marmelade, das du dir in der kommenden Woche gönnst. Vielleicht hast du auch einen eigenen Apfel-, Birnen- oder Pflaumenbaum im Garten. Dann kannst du mit deinen eigenen Früchten ganz toll Wildfrüchte kombinieren. Meist genügen bereits wenige der wilden Früchtchen, um den Geschmack entscheidend zu beeinflussen.

EINFACHER FRÜCHTEPUNSCH

2 Handvoll Schlehen, 1 Handvoll Hagebutten, 2 Tassen Wasser und etwas Gewürz (z. B. Nelken oder Zimt, nach Geschmack auch etwas Zucker) im Kochtopf 15 Minuten zu einem Brei köcheln lassen. Dann gibst du 2 Tassen Apfelsaft (oder Wein) dazu. Noch einmal erwärmen, nicht mehr köcheln lassen. Durch ein Sieb direkt in die Tasse und genießen.

… zum Beispiel einen Winterpunsch aus Schlehen und Hagebutten.

MARMELADEN

500 g Früchte, 250 g Gelierzucker (2:1) und 1 Tasse Wasser köcheln lassen, bis ein blubbernder Brei entsteht. Immer wieder gut umrühren und noch etwa 5 Minuten auf kleiner Flamme vor sich hin blubbern lassen. Kerne absieben, den Brei noch heiß in saubere, heiß ausgespülte Gläser füllen und fest verschließen.

CHUTNEYS

Der sehr eigene, aromatische Geschmack von Wildfrüchten prädestiniert sie geradezu, daraus herb-würzige, süß-saure und salzig-scharfe Chutneys zuzubereiten. Dies ist unser Grundrezept, das wir je nach Frucht etwas variieren: 300 g Früchte mit 100 g Zucker und 1/2 Teelöffel Salz in einem Topf mischen. 1 kleine Zwiebel, ein Stückchen Ingwer und 1 scharfe Chilischote fein zerkleinern und in 60 ml Apfelessig geben. Das Gemisch zu den Früchten in den Topf geben und zu einem Brei köcheln lassen. Dabei gut umrühren, brennt leicht an. Noch heiß in saubere Marmeladengläser füllen und fest verschließen. Hält mindestens 1 Jahr.

Viele wilde Früchte und Beeren enthalten eher große Kerne. Einige sind ungenießbar, manche sogar giftig. Auf der sicheren Seite ist, wer die Kerne stets vor dem Abfüllen absiebt.

Frühlingskräuter

Es gibt gute Gründe dafür, bereits im zeitigen Frühjahr nach Wildkräutern Ausschau zu halten, denn in ihnen verbergen sich zahlreiche entschlackende, kräftigende und blutreinigend wirkende Inhaltsstoffe, die uns nach dem Winter guttun.

SCHARF

Scharfstoffe wie das nach Knoblauch riechende Allicin und die pfeffrig schmeckenden Senföle wirken antimikrobiell, verbessern die Durchblutung und stimulieren das Immunsystem. Sie kommen zum Beispiel in der wild wachsenden Knoblauchsrauke, in Bärlauch, Hirtentäschel und Wiesen-Schaumkraut vor.

BITTER

Bitterstoffe wie im Löwenzahn, in der Wegwarte und im Spitzwegerich regen die Verdauungssäfte an und wirken antibakteriell, während Brennnessel und Birke die Tätigkeit der Nieren anregen und dadurch harntreibend und entwässernd wirken.

GESUNDER MIX

Jede einzelne Wildpflanze enthält ihr ureigenes Vielstoffgemisch – ebenso vielfältig ist jede einzelne in der Lage, unseren Stoffwechsel effektiv anzukurbeln.

Gänseblümchen

Klein, aber oho: Das Gänseblümchen wirkt heilend wie Kamille oder Ringelblume und bringt im Frühjahr verlässlich unseren Stoffwechsel wieder in Gang.

BLÜMCHENTEE

Übergieße eine kleine Handvoll Gänseblümchen mit Stielen (es dürfen auch einige Blätter dabei sein) mit 250 ml heißem Wasser (es sollte nicht mehr kochen). Lasse den Tee 10 Minuten ziehen und siebe dann die Gänseblümchen ab. Du kannst den Tee nicht nur trinken, sondern auch Wunden damit auswaschen.

STECKBRIEF

NAME: *Bellis perennis*
Korbblütengewächse

BLÜTEZEIT: in milden Wintern ganzjährig

HÖHE: 3–15 cm

LEBENSRAUM: nährstoffreiche Wiesen und Weiden, Rasen in Parks und Gärten

TYPISCH: Blüten innen gelb mit weißem Kranz außen herum, Blätter gestielt, verkehrt eiförmig mit welligem Rand, bilden eine Rosette am Boden

SAMMELN: Blüten und Blätter

FRÜHJAHRSKUR

Als kraftstrotzende und überaus häufige Wildpflanze im Frühjahr gehört das Gänseblümchen unbedingt in Frühlings-

EIN WUNDERBARES HEILMITTEL, AUCH SCHON FÜR KLEINKINDER

suppen und -salate. Denn es steckt voller Mineralstoffe wie Calcium, Eisen, Kalium und Magnesium, außerdem enthält es viel Vitamin A und C. Gesunde Bitterstoffe regen dazu die Verdauungssäfte an, wodurch unser gesamter Stoffwechsel angekurbelt wird. Alle oberirdischen Pflanzenteile von den Blättern über den Stängel, Blütenknospen und Blüten sind roh oder gekocht zum Verzehr geeignet.

HEILSAM VON INNEN UND AUSSEN

Gänseblümchen enthalten zusätzlich verschiedene heilsame Pflanzeninhaltsstoffe und sind deshalb auch ein bewährtes Hausmittel bei Husten und Hautkrankheiten: Seifenstoffe (Saponine) sorgen dafür, dass festsitzender Schleim in den Bronchien gelöst und abgehustet werden kann; schützende Gerb- und Schleimstoffe kräftigen und heilen sowohl unsere inneren Magen- und Darmschleimhäute als auch äußere Hautverletzungen und Ekzeme.

ÖL UND HEILSALBE

Gänseblümchenöl kannst du als gesundes Salatöl benutzen oder auch als Heilöl für die Haut. Zerkleinere 2–3 Hände voll getrockneter Gänseblümchen und gib sie in ein leeres, sauberes Marmeladenglas. Mit Olivenöl so auffüllen, dass nichts oben herausschaut, das ist wichtig, damit nichts schimmelt. An einem warmen Platz 2–3 Wochen ziehen lassen, ab und zu umrühren. Durch einen feinen Teefilter aus Papier in eine saubere Flasche füllen. Hält gekühlt 3 Monate und länger.

Brennnessel

Sie zählt zu unseren wertvollsten und gesündesten Wildpflanzen, und ihre „Brenzligkeit" bekommt man leicht in den Griff.

BRENZLIGE BLÄTTER

Achte beim Sammeln besonders auf einen naturnahen Standort! Denn Brennnesseln wachsen häufig an Äckern und sind dann mit ungesunden Nitraten belastet.

STECKBRIEF

NAME: *Urtica dioica*
Brennnesselgewächse

BLÜTEZEIT: Juni bis September

HÖHE: 30–150 cm

LEBENSRAUM: nährstoffreiche feuchte Wiesen, Heckensäume, Weg- und Waldränder

TYPISCH: Blätter mit Brennhaaren und sehr grob gesägten Blatträndern, Stängel 4-kantig und ebenfalls mit Brennhaaren, Blüten- und Samenstände erinnern an Lametta

SAMMELN: obere Triebspitzen (mit Schere und Handschuhen), Samenstände

GRÜNE POWERPFLANZE

Ihr Reichtum an Mineralstoffen ist legendär: Brennnesseln enthalten vor allem sehr viel Eisen, Kalium, Calcium, Magnesium, Phosphor, Silizium und Mangan. Nicht nur das macht sie zu einem hervorragenden Wildgemüse: Brennnesseln haben den großen Vorteil, dass es den ganzen Sommer über reichlich davon gibt. Wo sie gemäht werden, da wachsen sie wieder frisch nach, wodurch die Erntezeit sich noch verlängert. Und ab Spätsommer kannst du die kleinen Samen ernten (Seite 80). Sie schmecken nussig, lassen sich auf Vorrat trocknen und passen z. B. gut ins Müsli.

EIWEISSREICHE POWERPÄCKCHEN

WILDSPINATKUGELN

Die gewaschenen und grob gehackten Brennnesselspitzen (Handschuhe!) in einen Kochtopf geben, mit Wasser bedecken und einmal kurz aufwallen lassen. Durch ein Sieb passieren (das Kochwasser auffangen und als Tee nutzen), gut ausdrücken und zwischen beiden Händen zu kleinen Kugeln rollen. Nebeneinander im Gefrierbeutel einfrieren und bei Bedarf portionsweise entnehmen.

GUT IN DER SUPPE & IM AUFLAUF

Brennnesseln verlieren durchs Kochen oder auch beim Trocknen ihre Brennkraft. Etwas lästig ist wegen der brenzligen Haare nur das Waschen und Hacken. In der Suppe werden sie einfach mitgekocht (zum Schluss hinzugeben), für Aufläufe und Lasagne kochen wir sie vorher einmal kurz auf. Brennnesseln lassen sich auf Vorrat einfrieren und auch trocknen. Aufgrund ihres hohen Gehalts an Mineralstoffen sind sie gut geeignet für Wildpflanzensalze (Seite 13). Dafür am besten mit aromatischeren Kräutern mischen.

HEILKRAUT FÜR MENSCH & TIER

Brennnesseln enthalten wertvolle entzündungshemmende und harntreibende Wirkstoffe. Ein Tee aus Brennnesseln wird deshalb arzneilich als Durchspülungstherapie bei rheumatischen Beschwerden, Hautproblemen und entzündlichen Erkrankungen der ableitenden Harnwege eingesetzt. Bewährt auch als stoffwechselanregende Frühjahrskur bei Mensch, Hund, Hühnern und Pferden. Hunden gibt man gekochte Brennnesseln zum Fleisch, für Hühner und Pferde getrocknete Brennnesseln ins Kraftfutter mischen.

Scharbockskraut

Das erste, essbare Grün im Jahr wird von alters her als Vitamin-C-spendendes und blutreinigendes Kraut nach dem Winter gesammelt.

NICHT VERWECHSELN MIT DEN GIFTIGEN WINTERLINGEN!

STECKBRIEF

NAME: *Ficaria verna* – Hahnenfußgewächse

BLÜTEZEIT: März bis Mai

HÖHE: 10–15 cm

LEBENSRAUM: Laubwälder, Gebüsche, feuchte Wiesen, Parks und halbschattige Gärten

TYPISCH: frühblühender Bodendecker mit goldgelben Blütensonnen

SAMMELN: das ganze Pflänzchen vor der Blütezeit, samt den Wurzelknöllchen

GRÜNER FRÜHLINGSTEPPICH

Als einer der ersten Frühlingsblüher taucht das Scharbockskraut mit noch ganz zarten, hellgrünen Blättern schon im Februar aus dunkler Walderde auf. Diese allerersten Pflänzchen sind es, nach denen wir suchen, denn sie enthalten noch sehr wenig des kratzig schmeckenden Protoanemonins. In den nächsten 4 Wochen breitet das Scharbockskraut zunehmend dichte und flache grüne Teppiche mit gelben Blütensonnen auf halbschattigen, feuchten Böden aus. Seine Blätter werden zunehmend derb und ungenießbar.

HIMMELSBROTE

Nach Regenfällen werden im lockeren Waldboden häufig die kleinen Wurzelknöllchen freigespült, die dann wie Getreidekörner auf der Erde liegen. Daher rührt ihr alter Name „Himmelsgerste" oder „Himmelsbrote". Vielleicht glaubte man wirklich, sie wären mit dem Regen vom Himmel herabgeregnet. Jedenfalls waren die stärkehaltigen Körner im Frühjahr hochwillkommen, um daraus Mehl zu mahlen und Brote zu backen. Kochen, Backen und Trocknen macht die Wurzelknöllchen bekömmlicher.

NICHT VERWECHSELN!

Vor der Blütezeit können die Blätter des Scharbockskrauts mit denen der giftigen Haselwurz (Seite 86) verwechselt werden. Achte auf die Blattunterseite und die Blattstängel: Beim Scharbockskraut sind sie glatt und kahl, bei der Haselwurz dagegen flaumig behaart (auf der Blattunterseite zumindest die Blattnerven). Blätter und Stängel der Haselwurz riechen beim Zerreiben scharf-pfeffrig, was zum Niesen reizt. Einfachstes Unterscheidungsmerkmal: An ihren Wurzeln bildet die Haselwurz keine Wurzelknöllchen.

EINE KLEINE HANDVOLL

Scharbockskraut bitte stets nur in kleinen Mengen essen, da es auch schleimhautreizende, schwach giftige Inhaltsstoffe (das Protoanemonin) enthält. Dabei gilt: Je jünger die Blätter, desto weniger Protoanemonin enthalten sie. Pro Person rechnet man eine kleine Handvoll Scharbockskraut, z. B. roh als Zugabe zum Salat oder auch in der Suppe.

Wiesen-Schaumkraut

„Wilde Kressen“ ist der volkstümliche Name für die Schaumkräuter, von denen es verschiedene Arten in Mitteleuropa gibt – sie alle sind essbar und gesund.

BITTERES SCHAUMKRAUT WÄCHST ÜPPIGER UND HAT LILA STAUBBEUTEL.

WIESEN-SCHAUMKRAUT

DEN WINTER AUSTREIBEN

Neben viel Vitamin C enthalten Schaumkräuter wichtige Mineralstoffe wie Eisen und Magnesium, ätherische Öle, gesunde Bitterstoffe und die antibakteriell wirkenden Senfölglykoside. Da diese in größeren Mengen aber auch reizend auf Magenschleimhäute und Nieren wirken können, sollte man Schaumkräuter nur in kleineren Mengen und zum Würzen nehmen. Überstreue mit den pfeffrig und leicht bitter schmeckenden Blättern und Blüten Salat oder Quark oder genieße sie einfach auf einem Butterbrot.

STECKBRIEF

NAME: *Cardamine pratensis*
Kreuzblütengewächse

BLÜTEZEIT: April bis Juni

HÖHE: 10–60 cm

LEBENSRAUM: feucht-nasse Wiesen und Weiden, auch in Gärten und Parks

TYPISCH: gefiederte Blätter in einer Rosette am Boden und an den Stängeln. Rosa- bis lilafarbene Blüten aus 4 Blütenblättern, Staubbeutel gelb

SAMMELN: Blätter und Blüten

Hirtentäschel

Weil das scharf senfartig schmeckende Kräutlein auf dem Lande wirklich (fast) überall zu finden ist, wird es auch liebevoll „Bauernsenf“ genannt.

STECKBRIEF

NAME: *Capsella bursa-pastoris* – Kreuzblütengewächse

BLÜTEZEIT: Januar bis Dezember

HÖHE: 10–70 cm

LEBENSRAUM: nährstoffreiche Böden an Weg- und Gebüschrändern, auf Wiesen, Weiden, Äckern und auch in Gärten

TYPISCH: Blätter rucolaähnlich, Blüten 2–3 mm klein, aus je 4 weißen Blütenblättern, Samenkapseln herzförmig

SAMMELN: Blätter, Blüten und später im Jahr auch die pfefferartigen Samen

STATT RUCULA

BLÜTEN UND SAMENKAPSELN

SELBST SENF MACHEN

Die kleinen, würzigen Samen können zu einem Wildsenf verarbeitet werden: Zerkleinere etwa 50 g Samen so fein, wie du es magst. In einem kleinen Topf 30 ml Essig mit 50 ml Wasser kurz erhitzen und in die etwas abgekühlte Flüssigkeit die gemahlenen Samen, eine halbe kleine, fein gehackte Zwiebel, etwas Bärlauch (oder Knoblauch), 1/2 Teelöffel Salz und 2 Teelöffel Honig geben, mit dem Rührstab pürieren. Lasse das Ganze offen einen Tag durchziehen. Dann gibst du den fertigen Senf in ein dicht schließendes Glas. Er muss noch mindestens 2 Wochen durchziehen, bis er so richtig gut schmeckt. Im Kühlschrank bis zu 3 Monate haltbar.

Gundermann

Er wird auch „Gundelrebe“ genannt und ist eines der ersten und besten Würzkräuter im Jahr – für das Immunsystem und gegen Entzündungen.

DUFTET UND SCHMECKT

Gundermann und Günsel können frisch oder getrocknet als gesunde, stoffwechselanregende Würzkräuter verwendet werden und gehören in die ersten Kräutersuppen im Frühjahr. Da sie früh im Jahr zusammen mit dem Rhabarber erscheinen, kochen wir unsere Rhabarbermarmelade und -grütze immer mit 1–2 Stängeln vom Gundermann – sehr lecker!

STECKBRIEF

NAME: *Glechoma hederacea* – Lippenblütler

BLÜTEZEIT: April bis Juni

HÖHE: 10–40 cm

LEBENSRAUM: feuchte, nährstoffreiche Wiesen, halbschattige Gebüschsäume und Waldränder

TYPISCH: Blätter herz- bis nierenförmig mit gewelltem Rand, oft rötlich überlaufen, Blüten blauviolett, wachsen direkt am Stängel in den Achseln der oberen Blätter

SAMMELN: Blätter und Blüten

GUNDERMANN ODER GÜNSEL?

Der Gundermann ist eine sehr aromatische Würzpflanze, was bereits beim Zerreiben seiner Blätter und Blüten deutlich wird. Er duftet und schmeckt eigen: etwas nach Thymian, Minze und Oregano. Häufig wird er mit dem ähnlichen Günsel *(Ajuga reptans)* verwechselt, was aber nichts ausmacht, da dieser genauso genutzt werden kann. Da beide einen hohen Gehalt an ätherischen Ölen beinhalten, bitte eher sparsam und nur zum Würzen nutzen.

Der ähnliche Günsel hat kerzenähnliche Blütenstände und länglich-eiförmige, kaum gewellte Blätter.

KLEINES KRAFTKRAUT

Im „Gundermann" steckt das Wort „Gund", was im angelsächsischen „Eiter" bedeutet. Wie so oft verrät uns dieser Name, dass sich im Gundermann eine alte Heilpflanze verbirgt: Als Tee zubereitet hilft der Gundermann bei Verschleimungen der Bronchien und eitrigem Schnupfen, äußerlich als Waschung, Umschlag oder Bad bei nässenden, schlecht heilenden Wunden.

WÜRZIGES WILDKRÄUTERSALZ

Mische den frisch gesammelten Gundermann (oder Günsel oder alle beide) zu gleichen Teilen mit einem guten Speisesalz: Je feiner du ihn vorher zerkleinerst, umso besser gehen die Wirkstoffe aus dem Kraut ins Salz über. Gib die Mischung in ein leeres, sauberes Marmeladenglas. Die oberste Schicht sollte dabei aus Salz bestehen. Schließe das Glas und lasse es 3 Tage an einem warmen Ort stehen. Dann gibst du die Mischung auf ein Küchenhandtuch und lässt es gut durchtrocknen. In der Küchenmaschine oder mit einem Stabmixer fein zerkleinern und in ein trockenes, fest verschließbares Glas füllen.

Vogelmiere

Es lohnt, das unscheinbare „Sternchenkraut“ wiederzuentdecken, denn es liefert ein wertvolles Wildgemüse – roh im Salat oder auch gekocht.

WEISSE BLÜTENSTERNCHEN

AN UFERN WÄCHST DIE ÄHNLICHE, EBENFALLS ESSBARE WASSERMIERE.

STECKBRIEF

NAME: *Stellaria media*
Nelkengewächse

BLÜTEZEIT: Januar bis Dezember

HÖHE: 3–40 cm

LEBENSRAUM: nährstoffreiche Wald- und Ackerränder, Gärten, Parks, Weinberge und Ufer

TYPISCH: Blätter eiförmig und dann spitz zulaufend, immer paarweise zu zweit gegenüber, 5 tief geschlitzte Blütenblätter

SAMMELN: die oberen Triebspitzen mit Knospen, Blüten, Samen, Stängeln und Blättern

SUPPEN- UND HEILKRAUT

Alles an der Vogelmiere ist essbar und schmeckt mild-nussig. Am besten nur die oberen 5–10 cm schneiden, sie sind am zartesten, und dann treibt die Pflanze auch wieder neu aus. Vogelmiere sollte ruhig häufig gegessen werden, denn sie enthält viel Eisen, Magnesium, Calcium und Kalium, außerdem Vitamin A und C, B-Vitamine und Kieselsäure. In der Volksheilkunde wird sie von alters her als Heilpflanze bei Lungenerkrankungen, Rheuma und zur Wundheilung eingesetzt, was aus heutiger Sicht plausibel erscheint, da sie zusätzlich wirksame Schleimstoffe, Saponine und Flavonoide enthält.

Wald-Sauerklee

Im Volksmund heißt er „Kuckucksklee“, denn er blüht, wenn der Kuckuck Mitte April aus Afrika zu uns zurückkehrt.

NICHT MIT DEM ÄHNLICHEN BUSCHWINDRÖSCHEN (SEITE 87) VERWECHSELN!

KLEEFÖRMIGE BLÄTTER

STECKBRIEF

NAME: *Oxalis acetosella* Sauerkleegewächse

BLÜTEZEIT: April bis Mai

HÖHE: 5–12 cm

LEBENSRAUM: feuchte Wälder und Gebüsche

TYPISCH: dreiteilige, langgestielte Blätter, weiße Blütenblätter mit lilafarbenen Adern, am Grund mit gelbem Fleck

SAMMELN: Blätter und Blüten

WALDWÜRZE

Seine zarten Blätter und Blüten zergehen im Mund mit einem zitronig-säuerlichen Geschmack, deshalb passt der Sauerklee besonders gut in Salate, die ohnehin säuerlich zubereitet werden. Da er aber die in größeren Mengen magenreizend wirkende Oxalsäure enthält, sollten sowohl Blüten als auch Blätter eher sparsam als Würze verwendet werden. Als Faustregel gilt: 1 Handvoll Sauerklee im Salat. Wer den Geschmack gern hat, sollte unbedingt später im Jahr den Sauerampfer (Seite 63) probieren. Nicht geeignet für Menschen mit schwachen Nieren und Gicht!

Knoblauchsrauke

Alles an ihr ist köstlich und gesund: Blätter, Blüten, Wurzeln und Samen. So kann die häufige Pflanze unseren Speiseplan über viele Monate bereichern!

IV
X

ZUM TROCKNEN NICHT GEEIGNET, DA DIE SENFÖLE INSTABIL UND LEICHT FLÜCHTIG SIND.

STECKBRIEF

NAME: *Alliaria petiolata*
Kreuzblütler

BLÜTEZEIT: April bis Juni

HÖHE: 20–100 cm

LEBENSRAUM: nährstoffreiche, halbschattige Wald-, Weg- und Gebüschsäume

TYPISCH: brennnesselartige Blätter, kleine weiße Blütchen und eine weiße Pfahlwurzel

SAMMELN: junge Blätter oder nur die jungen Triebspitzen, Blüten, Samen, Wurzeln

KEIN KNOBLAUCH, SONDERN SENF

Korrekt müsste sie Senfrauke heißen, denn die Knoblauchsrauke enthält gar nicht den typischen Inhaltsstoff von Knoblauch, das Alliin: Beim Zerkleinern wird es von Enzymen blitzschnell ins streng riechende Allicin umgewandelt – das macht den Duft nach Knoblauch aus. Zerreibt man ein Blatt der Knoblauchsrauke, so riecht es tatsächlich auch etwas nach dem uns bekannten Knoblauch. Das rührt aber von dem enthaltenen Senfölglykosid Sinigrin her: Auch dieser Wirkstoff wird erst beim Reiben oder Zerkleinern in das eigentlich aromatisch riechende, scharf schmeckende Allylsenföl umgewandelt.

AM BESTEN FRISCH

Die ganze Pflanze ist frisch und roh genossen ein echter „Durchputzer“: Sie reinigt den Darm von Pilzen und Bakterien und regt außerdem die Ausscheidung und Entschlackung über die Nieren an. Blätter (und evtl. Blüten) und Wurzeln säubern und fein gehackt in den Quark oder direkt aufs Brot geben.

FRÜHLINGSQUARK

ABSCHRECKEND & GESUND

Der Trick, verborgene Wirkstoffe zu besitzen, die bei „Angriffen“ blitzschnell scharf riechen und auch schmecken, ist eine Waffe der Pflanzen gegen Tiere, die an ihr knabbern wollen. Die erste Warnstufe lautet: „Ich rieche entsetzlich.“ Und die zweite: „Und ich schmecke auch so!“ Bei uns Menschen funktioniert dieser Trick nicht, eher sogar im Gegenteil: Genau diese Senföle empfinden wir als sehr schmackhaft – und gesund sind sie für den menschlichen Stoffwechsel auch noch!

SCHMECKT & HEILT

Blüten und Samen schmecken überraschend scharf-pfeffrig, die Blätter nach einer Mischung aus Knoblauch und Senf und die Wurzeln nach Meerrettich. Wie archäologische Funde belegen, nutzt der Mensch das antimikrobiell und verdauungsfördernd wirkende Gewürz schon seit der Steinzeit. Laut alten Kräuterbüchern diente Knoblauchsrauke auch als Heilmittel bei Asthma, Rheuma und bei Hauterkrankungen.

SCHMECKEN PFEFFRIG

Giersch

Giersch ist eine der besten und ergiebigsten Wildpflanzen im Frühjahr. Blüht er ab Ende Mai, ist er leicht mit giftigen Doppelgängern zu verwechseln.

ZUR BLÜTEZEIT IM JUNI

STECKBRIEF

NAME: *Aegopodium podagraria* Doldengewächse

BLÜTEZEIT: Juni bis August

HÖHE: 50–90 cm

LEBENSRAUM: nährstoffreiche Wegränder, Wald- und Gebüschsäume, Gärten und Parks

TYPISCH: Jedes Blatt besteht aus 3 Teilblättern, von denen wiederum jedes 3-fach geteilt ist. Auch der Stängel der Blätter ist im Querschnitt dreieckig.

SAMMELN: Junge Blätter im Frühjahr. Wenn der Giersch blüht, ist er leicht mit hochgiftigen Doppelgängern zu verwechseln (Seite 88)!

WILDER PETERSILIENSPINAT

Bevor der Echte Spinat *(Spinacia oleracea)* aus Asien bei uns in Europa Einzug hielt, wurde ganz selbstverständlich der

BLÄTTER IM FRÜHJAHR

DAS ROSA „GEISSFÜSSCHEN“ AM ÜBERGANG VOM STÄNGEL ZUR WURZEL IST SEIN UNVERWECHSELBARES ERKENNUNGSMERKMAL.

KRÄUTERKONZENTRAT

Gut zum Bevorraten und im Nu fertig: Zerkleinere 5 Hände frischen Giersch ganz fein und schichte ihn abwechselnd mit einer Schicht Salz in einem sauberen Marmeladenglas. Zum Schluss mit Olivenöl übergießen, so dass alles bedeckt ist, und das Glas fest verschließen. Passt in alle Salate, Saucen und zu Spaghetti. Hält im Kühlschrank 4 Wochen und länger.

Giersch als mineralstoffreicher Spinat genossen. Dazu bauten ihn Mönche sogar eigens in mittelalterlichen Klostergärten an. Der Giersch enthält unter anderem Kalium, Calcium, Magnesium, Eisen, Kupfer, Mangan sowie die Vitamine A und C und kann genau wie normaler Spinat zubereitet werden. Lecker auch in Aufläufen und in Lasagne.

GEGEN ALLE „KALTEN LEIDEN“

Sein wissenschaftlicher Name „podagraria“ leitet sich ab vom Wort „Podagra“ – der alten Bezeichnung für eine Krankheit namens Gicht. Denn früher gab man das „Gichtkraut“ denjenigen zu essen, die unter allen möglichen schmerzhaften rheumatischen Erkrankungen litten. In alten Kräuterbüchern steht noch, dass der Giersch gegen alle Schmerzen und Entzündungen wirksam hilft, die mit solchen „kalten Leiden“ einhergehen.

ZUM ENTSCHLACKEN

Weil er so gesund ist, eignet sich der Giersch hervorragend für entschlackende Frühjahrskuren und gehört in jede Frühjahrssuppe. Unvergleichlich gut schmecken im März die allerersten, jungen, noch zusammengefalteten Blättchen, die sich soeben aus der Erde schieben: sehr aromatisch, etwas nach Petersilie und Liebstöckel. Davon kannst du jeden Tag 2 Hände voll pflücken und roh in Salate geben oder fein gehackt über Gerichte streuen. Auch perfekt als Würzsalz (Seite 13 und Seite 29).

Spitzwegerich

Zuverlässig begleiten Wegeriche unsere Pfade bereits seit Jahrtausenden – und ebenso lange machen wir Menschen Gebrauch von dem heilsamen Kraut.

IV X

BLÜTE

SPITZWEGERICH

STECKBRIEF

NAME: *Plantago lanceolata* – Wegerichgewächse

BLÜTEZEIT: Mai bis September

HÖHE: 5–50 cm

LEBENSRAUM: Wiesen und Weiden, Weg- und Gebüschränder

TYPISCH: schmale, lanzettliche Blätter in einer bodenständigen Rosette, aus der Mitte sprießen die Blütenstängel mit den Ähren

SAMMELN: junge Blätter, Blüten und ab Spätsommer die Samen

ESSEN & HEILEN

Obwohl Wegeriche fast überall und häufig wachsen und früher sogar auf Vorrat als Sauerkraut eingelegt wurden, raten wir dazu, sie eher sparsam in der Küche zu verwenden. Denn Wegeriche enthalten viele zwar außerordentlich gesunde, aber auch sehr kräftig wirkende und bitter schmeckende Inhaltsstoffe. Nicht umsonst sind sie seit Urzeiten bewährte Heilpflanzen, und ihre Wirksamkeit bei entzündlichen Erkrankungen, ob innerlich oder äußerlich, konnte heute durch klinische Studien belegt werden. Also lieber nur wenige Blätter täglich auf den Speiseplan setzen.

IN DER KÜCHE

Es gibt noch weitere, ähnliche Wegerich-Arten wie den Breitwegerich *(P. major)* mit seinen eiförmigen, gestielten Blättern, und alle sind gleichermaßen gut in der Küche zu verwenden. Die besten, jüngsten Blätter wachsen immer aus der Mitte der Rosette und können ebenso einem Salat, Quark oder einer Suppe beigegeben werden wie auch die Blütenknospen und später im Jahr dann die kleinen schwarzen Samen.

BREITWEGERICH

Der Breitwegerich wird ebenso genutzt.

WEGERICHKUR

Es ist eine gute Idee, unseren Körper nach und nach an den kräftigen Geschmack und die wirksamen Inhaltsstoffe der Wegeriche zu gewöhnen. Eine ebenso besonders einfach umzusetzende wie schonende Frühjahrskur sieht so aus: Am 1. Tag isst du 1 Spitzwegerichblatt (gut durchkauen). Am 2. Tag sind es 2 Blätter und am 3. Tag schon 3 Blätter. So fährst du fort bis zum 10. Tag, an dem du 10 Blätter verzehrst. Ab jetzt zählst du rückwärts bis du wieder bei einem Blatt ankommst. Nach dieser 3-wöchigen Kur legst du am besten eine Wegerichpause ein. Es gibt inzwischen auch noch viele andere gesunde und leckere Kräuter draußen zu finden.

WEGERICH IN HONIG

Wegerichhonig ist gesundes Nahrungsmittel und Honigmedizin zugleich. Du kannst ihn mit Essig und Öl zu einer Salatsoße geben oder ihn löffelweise pur oder in (lauwarmem!) Tee bei Husten einnehmen. Schichte abwechselnd fein zerkleinerten Wegerich und möglichst flüssigen Honig in ein Glas, immer mit einer Schicht Honig abschließen. 3 Wochen an einem warmen Platz (nicht in direkter Sonne) durchziehen lassen. Durch ein Sieb in ein sauberes Glas füllen.

Löwenzahn

In der Allerweltspflanze verbergen sich Wirkstoffe, die unseren gesamten Stoffwechsel kräftig anregen und unsere Selbstheilungskräfte wecken.

STECKBRIEF

NAME: *Taraxacum officinale* – Korbblütler

BLÜTEZEIT: April bis Juni

HÖHE: 5–40 cm

LEBENSRAUM: nährstoffreiche Wiesen, Weiden, Wegränder, Rasen und Parks

TYPISCH: Blätter als Rosette am Boden, unbehaart, am Rand mit „Löwenzähnen", Stängel unbehaart, innen hohl und mit Milchsaft, Blüten sattgelb und groß (3–5cm breit), tiefe Pfahlwurzel

SAMMELN: junge Blätter, Blüten und Wurzel

BITTER REGT AN

Die ganze Löwenzahnpflanze – von der Wurzel über die Blätter bis hin zur Blüte – enthält gesunde Bitterstoffe, die unseren gesamten Stoffwechsel anregen. Es werden vermehrt verdauungsfördernde Magen- und Gallensäfte gebildet und auch die Funktion der Nieren wird durch sie gesteigert. Deshalb wird der Löwenzahn seit jeher im Frühjahr über einen Zeitraum von 4–6 Wochen als entschlackende Wildkräuterkur genutzt. Sein Einsatzgebiet ist vielfältig und reicht von Salaten (lecker auch im Kartoffelsalat) über Suppen und Aufläufe bis hin zu Pestos oder als Pizzabelag, ähnlich wie Rucola.

BLÜTEN ZUPFEN UND TROCKNEN

WURZELKAFFEE

AUF DEN STANDORT ACHTEN

Löwenzahn liebt Nährstoffe und stellt keine großen Ansprüche an seinen Standort. Er gedeiht sogar in Asphaltritzen, an Ackerrändern, auf stark gedüngten Wiesen und Weiden und an Hunde-Gassi-Strecken. Achte daher beim Löwenzahn besonders auf einen guten, naturbelassenen Standort!

LANGSAM STEIGERN

Wer sonst eher wenig Bitterstoffe zu sich nimmt, sollte den Löwenzahn zunächst sparsam dosieren, bis sich Geschmack und Körper daran gewöhnt haben. Zu Beginn genügen 1 Handvoll Blätter oder Blüten (auseinandergezupft) als Zugabe zu einem Feldsalat.
Am mildesten sind die Blätter des Löwenzahns vor der Blütezeit. Blüht der Löwenzahn, dann nutzen wir nur noch die Blüten, und im Herbst, nach der Blütezeit, kann dann die Wurzel gezogen werden (Seite 78). Blätter, ausgezupfte Blütenblätter und zerkleinerte Wurzeln eignen sich gut zum Trocknen.

WURZELKAFFEE

Schneide die Wurzeln in schmale Scheiben und röste sie in einer Pfanne ohne Zugabe von Fett 15–20 Minuten lang bei mittlerer Hitze. Alle Wurzelstückchen müssen porös und brüchig sein und kaffeeartig duften. Nach dem Abkühlen in ein fest verschließbares Glas geben. Zur Kaffeebereitung 2 Teelöffel davon zerstoßen und mit kochendem Wasser übergießen. 2–3 Minuten ziehen lassen, dann absieben und nach Geschmack süßen oder Milch dazugeben. Wem der Kaffee „pur“ zu streng schmeckt, kann den Löwenzahnkaffee auch unter das normale Kaffeepulver mischen.

Wegwarte

Sie sorgt dafür, dass 20–30 % mehr verdauungsfordernde Säfte in Magen, Galle und Bauchspeicheldrüse produziert werden.

BLAUE BLÜTENSONNEN

DIE WEGWARTE IST EINE ALTE HEILPFLANZE ZUR STÄRKUNG VON MAGEN UND LEBER.

STECKBRIEF

NAME: *Cichorium intybus*
Korbblütler

BLÜTEZEIT: Juli bis September

HÖHE: 30–150 cm

LEBENSRAUM: sonnige, nährstoffreiche Weg- und Straßenränder

TYPISCH: löwenzahnähnliche Blattrosette, sparriger Wuchs und himmelblaue Blüten

SAMMELN: junge Blätter und Blüten, im Frühjahr oder Herbst die Wurzel (Seite 79)

LÖWENZAHNÄHNLICH

Alles an der Wegwarte enthält gesunde Bitterstoffe – von den Blüten und Blättern bis hin zu ihrer äußerst kräftigen und fest sitzenden Pfahlwurzel. Vor der Blütezeit können die Blätter wie die ähnlichen Löwenzahnblätter Salaten oder Spinatgerichten beigegeben werden. Im Sommer setzen die blauen Blüten hübsche und gesunde Farbakzente auf Salaten, Quarkspeisen und Aufläufen. Im Herbst und im Frühjahr nutzt man die bittere Wurzel (Seite 79) zum Ansetzen von Magenbitter oder röstet sie wie Löwenzahnwurzeln als wilden (koffeinfreien) Kaffeeersatz (Seite 38/39).

CHICORÉE UND LANDKAFFEE

Aus der Wegwarte züchtete man den ebenfalls leicht bitteren Chicoréesalat (*C. intybus* var. *foliosum*) und auch die als Ersatzkaffee dienende Kaffee-Zichorie (*C. intybus* var. *radicosum*) hat ihren Ursprung in der wild wachsenden Wegwarte.

Schnittlauch

Die meisten kennen ihn – aber nicht wild in der Natur. Dabei ist der Schnittlauch eine heimische Wildpflanze, die oft massenhaft vorkommt.

ESSBARE BLÜTEN

WILD AM UFER

REGT DEN STOFFWECHSEL AN UND WIRKT GEGEN SCHÄDLICHE DARMBAKTERIEN.

STECKBRIEF

NAME: *Allium schoenoprasum*
Lauchgewächse

BLÜTEZEIT: Mai bis August

HÖHE: 15–40 cm

LEBENSRAUM: nährstoffreiche Wiesen, Ufer von Seen und Flüssen, im Steinschutt der Alpen

TYPISCH: Stängel und Blätter wie rundliche Schläuche, die Blüten bilden rosafarbene Kugeln am Ende eines langen, runden Stängels

SAMMELN: Blätter, Blüten und Zwiebeln

VERWANDT MIT BÄRLAUCH & KNOBLAUCH

Alles am Schnittlauch ist essbar und schmeckt scharf lauchartig-zwiebelig bis pfeffrig. Vor der Blütezeit (im April und Mai) sammelt man die Blätter und verwendet sie klein geschnitten als Würze zu Rührei, Salat, Quark und vielen weiteren Speisen. Blüht der Schnittlauch, werden seine Blätter zunehmend hart und zäh, nun kannst du aber seine Blüten zum Würzen nutzen. Im September und Oktober werden die unterirdischen, länglichen Zwiebeln geerntet – aber bitte maßvoll, damit der Standort weiter bestehen bleibt. Fein gehackt finden sie roh, gebraten oder gekocht Verwendung.

Waldmeister

Seit Urzeiten wird er für die legendären Maitränke genutzt. Der kleine Waldmeister hat es nicht nur geschmacklich in sich.

NICHT RUPFEN, SONDERN VORSICHTIG ABKNIPSEN, UM DIE WURZELN NICHT MIT HERAUSZUREISSEN.

STECKBRIEF

NAME: *Galium odoratum*
Rötegewächse

BLÜTEZEIT: März bis Juni

HÖHE: 10–30 cm

LEBENSRAUM: nährstoffreiche Laubwälder, häufig in Buchenwäldern

TYPISCH: Blätter schmal, 2–4 cm lang, immer zu 6–9 sternförmig zusammen in Blattquirlen, duften beim Anwelken nach „Waldmeister“, Blüten mit 4 kleinen weißen Blütenblättern

SAMMELN: die ganzen Stängel vor oder während der Blütezeit

ALTES BRAUCHTUM

Die alten Germanen nutzten ihn im Frühjahr zum Würzen ihrer kräftigen Biere, und schon die Benediktinermönche im 8. Jahrhundert empfahlen: „Schüttle den perlenden Wein auf das Waldmeisterlein.“ Denn er aromatisiert nicht nur, sondern enthält auch nervenberuhigende, leicht betäubende Inhaltsstoffe, die Cumarine. Zu hoch dosiert rufen diese ähnliche Symptome hervor wie Alkohol: Kopfschmerzen und einen „Kater“.

ANWELKEN LASSEN

MAIBOWLE

Schmeckt mit oder ohne Alkohol: Waldmeister ist der Klassiker zum Aromatisieren der legendären Maibowle. Dazu 4–5 angewelkte Pflänzchen (s. u.) kopfüber für einige Minuten (maximal 10 Minuten, sonst wird es bitter) in Wein, Sekt, Apfelsaft oder Mineralwasser hängen. Nach Geschmack die fertige Bowle süßen.

Als alte Heilpflanze wurde der Waldmeister als Schlaftrunk, Beruhigungsmittel, zur Herzstärkung, bei Altersleiden und Schwermut in Form von Tees und Bädern eingesetzt.

ERST ANWELKEN LASSEN!

Die für den Waldmeistergeruch und -geschmack verantwortlichen Cumarine liegen in der Pflanze größtenteils gebunden vor. Erst bei „Stress" werden sie freigesetzt. Deshalb sollte dem Waldmeister vor der Verwendung mindestens 1 Stunde lang Zeit zum Anwelken gegeben werden (Einfrieren funktioniert auch).

IN VERRUF GERATEN

Der Wirkstoff im Waldmeister, die sogenannten Cumarine, finden sich auch in anderen Pflanzen wie Kümmel, Dill, Tonkabohnen und auch in der Rinde von Zimtbäumen. Ist die Konzentration an Cumarinen darin extrem hoch, gilt dies als gesundheitsschädlich. Eine Folge davon können Leberschäden sein. Extrem hohe Cumaringehalte finden sich im billigen Kassia-Zimt aus China, der leider in zahlreichen Fertigprodukten wie in Zimtsternen und Lebkuchen steckt. Unbedenklich ist der Cumaringehalt im teureren Ceylon-Zimt.

Bärlauch

Gesund, lecker und beliebt. Dennoch möchten wir darum bitten, beim Sammeln von Bärlauch im Wald achtsam und bescheiden vorzugehen.

NICHT TROCKNEN

Bärlauchblätter, -knospen und -blüten am besten frisch verwenden, z. B. einfach klein geschnitten auf Brot, in Quark oder im Salat. Auch eingelegt in Essig, in Öl und Salz (Seite 35) oder eingefroren erhält man seine gesunden Inhaltsstoffe. Zum Trocknen ist Bärlauch nicht gut geeignet.

STECKBRIEF

NAME: *Allium ursinum* – Lauchgewächse

BLÜTEZEIT: März bis Juni

HÖHE: 20–50 cm

LEBENSRAUM: nährstoffreiche, feuchte Laubwälder, Parks und alte Gärten

TYPISCH: Blätter gestielt, lanzettlich-eiförmig, immer zu zweit, kugeliger Blütenstand aus weißen Blütensternchen, unterirdisch längliche Zwiebeln

SAMMELN: Blätter und Blüten

BÄRENKRÄFTE

Bärlauch enthält, genau wie der Echte Knoblauch, die sogenannten Alliine und Allicin, darüber hinaus außerdem viel Vitamin C, Mineralstoffe wie Kalium und Mangan, Flavonoide, Saponine und gesunde Schleimstoffe. So regt er unseren Stoffwechsel kräftig an, beugt Herzinfarkten vor und sorgt für eine gesunde Darmflora. Eine durchputzende Frühjahrskur, die auch noch gut schmeckt.

DER MIT DEN GIFTIGEN DOPPELGÄNGERN

Die beste Erntezeit für Bärlauchblätter liegt vor Erscheinen der Blüten, denn dann sind sie noch jung und sehr zart. In diesem Zeitraum wird er aber auch leider regelmäßig verwechselt – und das mit sehr giftigen Arten wie dem Aronstab oder dem Maiglöckchen. Das viel zitierte Erkennungsmerkmal: „Muss beim Zerreiben knoblauchartig riechen", ist natürlich richtig. Nur: Wenn die Finger vom Reiben bereits nach Knoblauch riechen, kann dies auch leicht in die Irre führen. Tatsächlich können die tödlich giftigen Maiglöckchen und der Aronstab auch mitten in einem Bärlauchbestand wachsen!

RICHTIG ERKENNEN & SAMMELN

Wir schlagen deshalb vor, den Bärlauch erst dann zu sammeln, wenn die Blütenknospen bereits ausgebildet und die ersten Blüten geöffnet sind (siehe Foto). Er schmeckt dann immer noch sehr gut.

Bitte beachte zu deiner eigenen Sicherheit außerdem:

- jedes Blatt hat lange, kantige Blattstiele
- jedes Blatt einzeln am Stiel pflücken! (siehe giftige Doppelgänger, Seite 82 und 84)
- knoblauchähnlicher Geruch
- Oberseite des Blatts ist dunkelgrün, Unterseite matt hellgrün
- kugeliger Blütenstand aus zahlreichen weißen, sechszipfligen Blütensternchen am Ende des Blütenstängels

Essbare Blätter von Bäumen & Büschen

Nicht nur Kräuter, sondern auch Bäume und Büsche können uns mit außerordentlich gesundem und schmackhaftem Grün versorgen. Die Blätter der meisten heimischen Bäume entfalten sich zwischen April und Mai. Jetzt ist der richtige Erntezeitpunkt! Die Blätter sind dann noch sehr zart, denn sie haben noch nicht viel unverdauliche Cellulose eingelagert. Dafür enthalten sie jetzt viel Vitamin C und Mineralstoffe.

Weißdorn (Seite 100)

Crataegus spec.

Der Weißdorn öffnet erst seine Blätter, danach seine (ebenfalls essbaren) Blüten. Beide schmecken roh angenehm mild und ergänzen Frühlingssalate. Anerkannte Arzneipflanze für Herz und Kreislauf.

Himbeere (Seite 107)

Rubus idaeus

Die Blätter schmecken leicht fruchtig und fördern die Verdauung. Sie können roh oder gekocht gegessen oder als blutreinigender Tee zubereitet werden. Nicht verwechseln mit der Brombeere (Seite 118).

Buche

Fagus sylvatica

Junge Buchenblätter sind hellgrün, flaumig behaart, weich und angenehm säuerlich. Sie können roh in Quark oder Frischkäse eingearbeitet, als Waldsalat zubereitet oder gedünstet werden.

Birke

Betula spec.

Junge Birkenblätter sind roh oder gekocht ein mild schmeckendes und sehr gesundes Wildgemüse, denn sie wirken entschlackend und enthalten Vitamin C und gesunde Bitterstoffe.

Fichte

Picea abies

„Maiwipfel" nennt man die jungen, Vitamin-C-haltigen Triebspitzen der Fichte. Sie schmecken säuerlich und wirken blutreinigend. Zerkleinern und roh über Speisen streuen.

Lärche

Larix decidua

Ab April finden sich wunderbar zitronig schmeckende, frischgrüne Nadeln an der Lärche. Zerkleinern und roh genießen, so bleiben Vitamin C und ätherische Öle erhalten.

Vogelkirsche (Seite 101)

Prunus avium

Die Vogelkirsche öffnet zunächst ihre Blüten und entfaltet danach erst ihre Blätter. Blätter und Blüten sind roh essbar in Frühlingssalaten. Typisch: die quer geringelte Rinde.

Wildrose (Seite 98/99)

Rosa spec.

Wildrosenblätter haben roh einen blumigen Geschmack und stärken durch die enthaltenen Gerbstoffe Magen- und Darmwände. Zeitig geerntet schmecken sie lecker in Salaten.

Spitz-Ahorn

Acer platanoides

Blüht erst und entfaltet danach seine Blätter. Junge Blätter und Blüten sind roh essbar und schmecken mild. Getrocknet ergeben sie ein gutes Wildpflanzensalz (Seite 13).

Sommerkräuter

Sommerzeit, alles blüht und duftet. Schmetterlinge gaukeln über die Wiesen. Auf unseren Spaziergängen finden wir jetzt eine Vielzahl duftender Kräuter und Blüten.

DUFT & AROMA

Verwöhnt mit Sonne und Wärme produzieren viele Wildkräuter im Sommer duftende ätherische Öle. Sie machen den ausgeprägten Geschmack von Wiesen-Salbei, Wildem Dost und Wasserminze aus. Nebenbei sind diese intensiv schmeckenden, ätherischen Öle auch noch sehr gesund.

ESSBARE BLÜTEN

Was nur wenige wissen: Auch die Blüten vieler Wildkräuter sind nicht nur hübsche Farbkleckse im Salat, sondern haben ihren ganz eigenen Geschmack und besondere Wirkstoffe. Am Ende des Sommers lohnt es, die Wurzeln von Löwenzahn, Knoblauchsrauke und Disteln kennenzulernen – in ihnen steckt die geballte Kraft der ganzen Pflanze.

Schwarzer Holunder

Aus seinem cremeweißen Blütenschnee lassen sich wohlschmeckende Getränkezusätze, aromatische Pfannkuchen und hervorragende Heiltees zaubern.

STECKBRIEF

NAME: *Sambucus nigra*
Moschuskrautgewächse

BLÜTEZEIT: Juni bis Juli

HÖHE: 3–7 m

LEBENSRAUM: nährstoffreiche Hecken, Waldränder, Böschungen und Wiesen

TYPISCH: cremeweiße, 10–20 cm große Blütenschirme, die intensiv süß duften. Blätter aus meist 5 Einzelblättern zusammengesetzt, stinken beim Zerreiben

SAMMELN: Blütenschirme (ab August die schwarzen Früchte)

SOMMERBEGINN IN BLÜTENGESTALT

Nach dem sogenannten „phänologischen Kalender“ beginnt der Sommer exakt mit den sich öffnenden Blütenschirmen des Schwarzen Holunders: Die ganze Landschaft duftet jetzt süß und schwer nach seinen Blüten und es lohnt in jeder Hinsicht, sie zu sammeln: Eingetaucht in Pfannkuchenteig und ausgebraten ergeben sie ein köstliches Sommergericht, als Sirup kannst du damit Saft und Sekt versüßen und getrocknet liefern sie einen arzneilich gut wirksamen Erkältungstee.

GEBACKEN IN PFANNKUCHENTEIG

HOLUNDERBLÜTENSIRUP

Schneide 20 Dolden und breite sie draußen aus, damit die Käferchen hinauskrabbeln können. Erwärme in einem Kochtopf 1 l Wasser, 1 kg Zucker und 50 g Zitronensäure, bis sich alles gelöst hat. Gib die Flüssigkeit mit den Dolden in ein großes Glas. 3 Tage ziehen lassen, dann absieben. Noch einmal kurz aufkochen und heiß in Flaschen abfüllen. Hält bis zu 1 Jahr. Lecker zum Süßen von Getränken und Nachspeisen.

SCHAU GENAU HIN!

Seine wichtigsten Erkennungsmerkmale, durch die er sich auch eindeutig vom giftigen Zwerg-Holunder (*Sambucus ebulus*, Seite 136) unterscheidet, sind seine 10–20 cm großen, dichten Blütenschirme (Zwerg-Holunder: 5–10 cm, locker) mit hellgelben Staubbeuteln (Zwerg-Holunder: leuchtend rot bis schwarz). Ein Blatt besteht meist aus 5 breit-ovalen Einzelblättern (Zwerg-Holunder: meist 7–9 schmale lanzettliche Einzelblätter). Der Zwerg-Holunder kommt besonders häufig in Bergregionen vor.

SCHWITZKUR

Holunderblüten sind auch heilsam! Bei den ersten Symptomen einer Erkältungskrankheit trinkt man einen Blütentee. Dieser „schwitzt das Fieber heraus“, wirkt entzündungshemmend und abwehrsteigernd. Er kann aus frischen oder getrockneten Blüten zubereitet werden. Dazu 3 Blütendolden mit 250 ml heißem Wasser übergießen und 5–10 Minuten ziehen lassen. 3–4-mal täglich eine Tasse trinken. Für ein Schwitzbad übergießt du ca. 20 Blütendolden mit 2 l heißem Wasser und gibst diesen starken „Tee“ in dein Badewasser.

Echte Kamille

Sie enthält viele bekömmliche ätherische Öle, die der Verdauung guttun. Das macht sie zu einem wertvollen Würzkraut für die Wildpflanzen-Küche.

SPIEGELEI-BLÜTEN

STECKBRIEF

NAME: *Matricaria chamomilla*
Korbblütler

BLÜTEZEIT: Mai bis August

HÖHE: 15–40 cm

LEBENSRAUM: nährstoffreiche, sonnige Weg- und Ackerränder und Wiesen

TYPISCH: Blüten duften stark nach Kamille! Äußere, weiße Zungenblüten häufig nach unten geschlagen, Blätter dünn-haarförmig

SAMMELN: die voll entfalteten Blüten

HEILPFLANZE DER ALTEN ÄGYPTER

Die Heilkraft ihrer Blüten ist legendär: Schon die alten Ägypter nutzten die Kamille vor über 3.000 Jahren, um daraus heilende Salben zu rühren, und die alten Griechen kannten sie vor 2.000 Jahren als Mittel gegen Magen-Darm-Beschwerden und Entzündungen. Ihre Wirksamkeit – innerlich wie äußerlich – ist durch wissenschaftliche Studien nachhaltig belegt: Kamillenblüten werden bis heute bei Entzündungen des Magen-Darm-Trakts und der Luftwege empfohlen, äußerlich als Waschung oder Salbe bei schlecht heilenden Wunden.

DIE BESONDERE WÜRZE

Eher weniger bekannt ist, dass Kamillenblüten und -blätter auch frisch und roh genossen werden können. Die ausgezupften weißen Zungenblüten und die fiedrigen Blätter sehen sehr hübsch auf Salaten, Pfannkuchen, Aufläufen oder einfach auf einem Butterbrot aus. Die

GESUNDER KAMILLENTEE

Kamille-Blüten können frisch oder getrocknet verwendet werden. Für einen Tee übergießt du 2–3 Teelöffel getrockneter (oder ca. 4–6 Teelöffel frischer) Blüten mit 150 ml heißem, nicht mehr kochendem Wasser und lässt den Tee 5–10 Minuten ziehen (Deckel drauf). Hilft auch Kindern gut bei Bauchschmerzen und Blähungen.

inneren gelben Röhrenblüten aromatisieren Salatsoßen und Quark und passen auch gut in Kräutersalze (Seite 29), denen sie ein hübsches Sommersonnengelb und ein spezielles Aroma verleihen.

ACHTUNG, DOPPELGÄNGER!

Obwohl viele denken, sie würden die Echte Kamille mit Leichtigkeit erkennen, geschehen gerade bei ihr nicht selten Irrtümer, denn die Geruchlose Kamille *(Tripleurospermum inodorum)* sieht ihr wirklich zum Verwechseln ähnlich. Aber: Wie schon ihr Name verrät, duftet die Geruchlose Kamille nicht. Und ritzt man ihren Blütenboden mit dem Fingernagel auf, so ist er, im Gegensatz zur Echten Kamille, innen nicht hohl (siehe Foto). Gefährlich ist eine Verwechslung aber nicht, die Geruchlose Kamille wirkt nur nicht heilend.

ECHTE KAMILLE IST INNEN HOHL!

Nelkenwurz

Sie führt heute zu Unrecht ein Schattendasein, denn ihre Wurzeln enthalten aromatische Wirkstoffe – sie liefern ein garantiert heimisches Nelkengewürz.

HÄUFIG UND DOCH OFT ÜBERSEHEN

BLÜTE UND FRUCHT

STECKBRIEF

NAME: *Geum urbanum*
Rosengewächse

BLÜTEZEIT: Mai bis Oktober

HÖHE: 30–120 cm

LEBENSRAUM: halbschattige Waldränder, Wege, Mauern und Zäune

TYPISCH: Blätter dreigeteilt, darunter sitzen noch 2 Nebenblätter, 5 gelbe Blütenblätter, Früchte kugelig mit Hakenborsten

SAMMELN: die Wurzeln

GEWÜRZPULVER

So ein Nelkenwurzpulver ist einfach herzustellen: Die Wurzeln mithilfe von Wasser und Bürste gründlich von anhaftender Erde befreien, anschließend klein schneiden. Die gereinigten Wurzeln zum Trocknen auslegen und erst, wenn sie richtig trocken sind, zu einem Pulver vermahlen. Dieses hält sich gut verschlossen 1 Jahr und länger.

ALS GEWÜRZ

HEILSAME WURZEL

Die Wurzel der Nelkenwurz enthält dasselbe ätherische Öl wie die zu uns importierte Gewürznelke: das Eugenol. Es duftet und schmeckt nicht nur angenehm würzig, sondern macht Speisen auch bekömmlicher und dient in der Volksmedizin von alters her als verlässliches Heilmittel gegen Magen-Darm-Erkrankungen. Eugenol ist sowohl gegen schädliche Bakterien wirksam (u. a. gegen Salmonellen und Staphylokokken) als auch gegen Pilze (Candida) und Würmer (Nematoden und Trichonomaden).

RICHTIG ERKENNEN

Schaust du von oben auf die Blüte, so siehst du zwischen den 5 gelben Blütenblättern die 5 grünen, spitzen Kelchblätter hervorlugen. Die Blätter sind immer dreigeteilt, darunter sitzen aber stets noch 2 Nebenblätter rechts und links vom Blattstängel.
Ganz charakteristisch sind die kugeligen Früchte mit den Hakenborsten – schon ab Ende Mai findest du sie gleichzeitig mit den Blüten an ein- und derselben Pflanze. Unverwechselbar sind Duft und Geschmack der Wurzel nach Gewürznelke.

WEIN UND WÜRZE

Nelkenwurzpulver passt gut in winterliche Heißgetränke wie in Holunderpunsch, in deftige Speisen sowie in Wintergebäck wie Lebkuchen. In der Volksmedizin bekannt ist ein bekömmlicher Nelkenwurzwein „für Hirn und Herz“ nach Hildegard von Bingen aus dem 16. Jahrhundert. Dafür werden die Wurzeln in einer Flasche Weißwein erhitzt, eine Woche lang zum Durchziehen stehen gelassen und dann abgeseiht. Im Kühlschrank 2–3 Wochen lang haltbar. Täglich sollte ein Schnapsglas davon genossen werden.

NELKENWURZWEIN

Wasserminze

Die milde Schwester der Pfefferminze: Ihre beruhigenden ätherischen Öle werden auch von empfindlichen Menschen gut vertragen.

LILA BLÜTENKÖPFE AM WASSER

NICHT VERWECHSELN MIT DEM WILDEN DOST (SEITE 60).

STECKBRIEF

NAME: *Mentha aquatica* Lippenblütengewächse

BLÜTEZEIT: Juli bis Oktober

HÖHE: 30–90 cm

LEBENSRAUM: Bachufer, nährstoffreiche Feuchtwiesen und Röhrichte

TYPISCH: kleine, lila Blüten überwiegend gehäuft am Stängelende. Blätter eiförmig, am Rand gesägt, riechen beim Zerreiben typisch minzartig

SAMMELN: Blüten und Blätter (am besten vor der Blütezeit)

DIE RICHTIGE MINZE

Es gibt viele verschiedene, ähnliche Arten wild wachsender Minzen, die nicht einfach auseinanderzuhalten sind. Erschwerend kommt hinzu, dass die einzelnen Arten in der Lage sind, sich auch noch untereinander zu kreuzen. Für den Gebrauch von Minzen in der Küche ist dies aber nicht wichtig. Alle heimischen Minzen enthalten das beliebte Menthol – wenn auch in unterschiedlichen Konzentrationen – und sind eine gute Zugabe zu Salaten, Aufstrichen und Würzsalzen (Seite 29).

RICHTIG TROCKNEN

WILDER MINZTEE

Minze schmeckt erfrischend und wirkt beruhigend auf Magen, Darm und Psyche. Für einen Tee übergieße ein kleines Sträußchen frischer Minzblätter (oder Blüten) mit heißem Wasser und lasse es bedeckt 10 Minuten ziehen. Ist die Minze getrocknet, nimmst du 1–2 Teelöffel auf 250 ml Wasser.

MUTTER DER PFEFFERMINZE

Die Eigenart der verschiedenen Minzearten, untereinander bastardisieren zu können, führte letztendlich zur Entstehung der bekannten Pfefferminze (*Mentha × piperita*). Sie ist das Produkt aus unserer heimischen Wasserminze und der Speerminze *(Mentha spicata)*, wobei auch die Speerminze (engl. „Spearmint") bereits eine Kreuzung aus verschiedenen Minzearten ist. Die Pfefferminze enthält besonders viel Menthol und wird deshalb als Heil- und Gewürzpflanze in größerem Stil angebaut.

RICHTIG SAMMELN & TROCKNEN

Die Blätter erntet man am besten vor der Blütezeit, denn zur Blütezeit sind ihre Blätter oft bereits vom Rostpilz befallen. Bitte nicht in dichten Sträußen zum Trocknen aufhängen, denn auch dabei verpilzen die gequetschten Blätter schnell oder werden unansehnlich braun. Solche Blätter dürfen nicht mehr verwendet werden! Besser locker ausgebreitet an einem schattigen, gut belüfteten Ort zum Trocknen auslegen. So macht man es dann auch später mit den Blüten. Fertig getrocknet in Papiertüten aufbewahren.

Johanniskraut

Man sagt, das Johanniskraut gibt die in seinen Sonnenblüten eingefangene Wärme weiter an den Menschen und sorgt so für ein sonnig-heiteres Gemüt.

ROTÖL HILFT BEI SONNENBRAND UND ANDEREN VERBRENNUNGEN.

GOLDGELBE BLÜTENSONNEN

STECKBRIEF

NAME: *Hypericum perforatum*
Hartheugewächse

BLÜTEZEIT: Juni bis August

HÖHE: 15–80 cm

LEBENSRAUM: trockene, sonnige Wiesen, Heiden, Kiesgruben, Wegränder und Böschungen

TYPISCH: Blätter sind durchscheinend punktiert, Blütenblätter färben beim Zerreiben die Finger rot

SAMMELN: die oberen Triebspitzen

GESUNDES ROTÖL

Beim Zerreiben von Knospen und Blüten tritt ein roter Saft aus, worin Hypericin, Hyperforin und Flavone enthalten sind. Diese Wirkstoffe, ausgezogen in einem guten Pflanzenöl, sind ausgesprochen gesund für Magen und Darm, weshalb Rotöl ein sehr gesundes Salatöl abgibt. Dazu die oberen Triebspitzen zerkleinern, mit Olivenöl übergießen und handwarm erwärmen (ca. 40 °C). Noch weitere 1–2 Wochen stehen lassen (es muss sich rot färben!), dann absieben und in einer verschließbaren Flasche im Kühlschrank aufbewahren. Hält 1 Jahr lang und länger. Achtung: Das Johanniskraut nicht mit dem Jakobs-Greiskraut (Seite 89) verwechseln.

Mädesüß

Seine duftenden Blütenbüschel säumen im Sommer viele Gewässer. Die alte Heilpflanze dient auch zum Aromatisieren von Getränken und Speisen.

JUNGE BLÄTTER

CREMEWEISSE BLÜTEN

STECKBRIEF

NAME: *Filipendula ulmaria*
Rosengewächse

BLÜTEZEIT: Juni bis August

HÖHE: 50–150 cm

LEBENSRAUM: nährstoffreiche, feuchte Wiesen, Ufer und Gräben

TYPISCH: Stängel rötlich, Blätter mit gesägten Rändern, Blüten cremeweiß, duftend, befinden sich zahlreich an den Stängelenden

SAMMELN: die oberen Triebspitzen mit den Blütenständen

BITTERMANDEL UND VANILLE

Die Blüten des Mädesüß duften ungewöhnlich süß und schwer nach einer Mischung aus Bittermandel und Vanille. Deshalb werden sie auch seit alters her zum Aromatisieren von Getränken und Speisen verwendet. Dabei sollte man aber äußerst sparsam dosieren und die Blüten nur für wenige Minuten eintunken, denn sie enthalten viel Gerbsäure und Salicylaldehyde (eine Vorstufe der Salicylsäure) – und diese schmecken unangenehm streng und bitter. Ein Tee aus den Blüten schmeckt deshalb auch leider nicht süß, doch er hilft gegen Fieber und Schmerzen.

Wilder Dost

Die heimische Gewürz- und Heilpflanze ist zu Unrecht in Vergessenheit geraten. Sie ist nicht nur sehr gesund, sondern schmeckt auch einfach göttlich.

NICHT MIT MINZEN VERWECHSELN!

STECKBRIEF

NAME: *Origanum vulgare*
Lippenblütengewächse

BLÜTEZEIT: Juli bis September

HÖHE: 20–60 cm

LEBENSRAUM: sonnige Trockenrasen, Wegränder und Böschungen

TYPISCH: rosa Blütenköpfchen an der Spitze der oben verzweigten Stängel, Blätter eiförmig mit glattem Rand, Stängel rötlich, steif und kantig

SAMMELN: die ganzen Stängel mit Blüten und Blättern

WEDER OREGANO NOCH MAJORAN
Obwohl er „Origanum“ heißt, handelt es sich beim Wilden Dost nicht um das bekannte Küchengewürz „Oregano“. Dieses ist zwar nah verwandt, ist aber nur im Mittelmeerraum heimisch und schmeckt anders. Auch Majoran oder „Wurstkraut“ *(Origanum majorana)* ist ein Verwandter mit deftigerem Geschmack. Es lohnt, unseren heimischen Wilden

ZUM TROCKNEN AUSLEGEN

TEE- UND WÜRZKRAUT

Wilder Dost ist wegen seines angenehmen Dufts und Geschmacks vielseitig einsetzbar: als leckerer und gesunder Sommertee, der auch von Kindern gern getrunken wird, und auch als Würze für alle möglichen süßen und deftigen Speisen. Seine Blüten sollten nur ausgezupft und überstreut werden, das sieht einfach schön aus.

Dost kennenzulernen, denn seine ätherischen Öle, Gerb- und Bitterstoffe wirken antibakteriell und entkrampfend, ideal bei Erkältungskrankheiten und Magen-Darm-Verstimmungen.

IN DEN GARTEN HOLEN

Wo es ihm gefällt, da bildet der Wilde Dost bald prächtige Stauden und sät sich darüber hinaus auch fleißig selbst aus. So ist bei uns im Garten aus einem winzigen Wilden Dost über die Jahre ein prächtiger Bestand gewachsen, der zu unserer großen Freude viele Ritzen in unserer Steinmauer von selbst erobert hat. Er nimmt auch sehr gern mit nährstoffärmeren Bereichen an Sandkästen vorlieb und nimmt es nicht krumm, wenn er gelegentlich gerupft wird – eine unverwüstliche Pflanze für den Familiengarten.

AUF VORRAT TROCKNEN

Wilder Dost ist ein wunderbares Würz- und Teekraut: Er schmeckt nach einer gelungenen Mischung aus Pfefferminze, Thymian und Kamille und ist ebenso gesund wie diese. Zum Trocknen legen wir die blühenden Stängel im Ganzen locker nebeneinander auf eine luftige Unterlage. Das kann ein Weidentablett sein oder auch ein Wäscheständer mit einem Handtuch darauf. Ist er richtig rascheltrocken, lassen sich die Blätter ganz einfach von den harten Stängeln streifen, die Blütenköpfchen müssen abgezupft werden.

Brunnenkresse

Sie ist ein so begehrtes Wildgemüse, dass sie bereits seit dem 17. Jahrhundert in eigens hierfür angelegten „Kressegräben“ kultiviert wird.

STECKBRIEF

NAME: *Nasturtium officinale*
Kreuzblütler

BLÜTEZEIT: Mai bis Oktober

HÖHE: 20–80 cm

LEBENSRAUM: an Bächen und Gräben, auch untergetaucht flutend bis in 1 m Wassertiefe

TYPISCH: Blätter auch im Winter grün, gefiedert mit großer Endfieder, Stängel kantig und hohl, 4 weiße Blütenblätter und gelbe Staubbeutel

SAMMELN: Blätter (am besten vor der Blütezeit) und Blüten

IMMER AM WASSER

NUR AN KLAREN FLIESSGEWÄSSERN OHNE WEIDETIERE SAMMELN!

BACHBITTERKRAUT

Ihr volkstümlicher Name bezieht sich auf ihren Wuchsort inmitten klarer, fließender Gewässer und auf ihre Inhaltsstoffe: die verdauungsfördernden Bitterstoffe. Brunnenkresse enthält entzündungshemmende Senfölglykoside, daher sind Geruch und Geschmack senfähnlich scharf. Außerdem stecken zahlreiche wertvolle Mineralstoffe, Spurenelemente und Vitamine darin. Die Brunnenkresse kann roh oder gekocht verzehrt werden. Sehr ähnlich wirkt und schmeckt das Bittere Schaumkraut (Seite 26).

Sauerampfer

Erste Blätter bereichern im Frühjahr Suppen, Salate und Kräuterquark, später im Jahr schmeckt er zunehmend unangenehm bitter.

IV V VII VIII

STECKBRIEF

NAME: *Rumex acetosa* – Knöterichgewächse

BLÜTEZEIT: Mai bis Juli

HÖHE: 30–100 cm

LEBENSRAUM: nährstoffreiche, eher feuchte Wiesen und Weiden

TYPISCH: Blätter dicklich, lang gestielt, am Grund mit langen, nach unten gerichteten Spießen

SAMMELN: junge Blätter vor der Blütezeit, Samen (Seite 81) im Spätsommer

AUF DEINEN GESCHMACK VERLASSEN

Alle Ampferarten enthalten die schwach giftige Oxalsäure und sollten deshalb nur sparsam als Würze genutzt werden. Am besten im Frühjahr sammeln, wenn sie noch zartgrün und jung sind, dann ist ihr Geschmack eher säuerlich als bitter.

Bei uns in Mitteleuropa kommen viele verschiedene, zum Teil sehr ähnliche Ampferarten vor, die allesamt essbar sind – theoretisch. Denn nicht jeder Ampfer schmeckt gleich gut. Du kannst dich hier einfach auf deinen Geschmack verlassen; schmeckt die Pflanze eher bitter oder streng, bitte auf den Verzehr verzichten.

Beifuß

Die „Machtwurz“ der altgermanischen und keltischen Volksstämme ist heute zu Unrecht fast in Vergessenheit geraten.

STECKBRIEF

NAME: *Artemisia vulgaris* – Korbblütler

BLÜTEZEIT: Juli bis Oktober

HÖHE: 60–200 cm

LEBENSRAUM: Wiesen, Wegränder und Gebüsche

TYPISCH: Stängel kantig, rot-braun, Blätter fein gefiedert, unterseits grau-weiß behaart, riechen zerrieben bitter-würzig

SAMMELN: die oberen Triebspitzen vor oder während der Blütezeit

ALTES FRAUENKRAUT

In seinem Namen „Artemisia“ verbirgt sich die griechische Göttin Artemis: einerseits Göttin der Jagd, andererseits Beschützerin der Frauen und Kinder, die besonders bei Geburten um Hilfe gerufen wurde. Noch im Mittelalter wurde der Beifuß als bedeutendes Heilkraut innerlich als Tee und äußerlich (in Form von Bädern und Umschlägen) bei Geburten eingesetzt,

BEIFUSS LINKS, WERMUT RECHTS

BITTER MACHT GESUND

Klein geschnitten, frisch oder auch getrocknet ist der aromatische Beifuß eine wertvolle Zugabe zu Gewürzmischungen. Seine ätherischen Öle wirken entkrampfend, beruhigend und erwärmend. Die enthaltenen Bitterstoffe regen die Bildung von Verdauungssäften an, wodurch auch „schwere Kost" bekömmlicher wird.

außerdem gegen Entzündungen der Gebärmutter, bei Menstruationsstörungen und bei Blasen- und Nierenleiden.

ENTKRAMPFT INNERLICH & ÄUSSERLICH

Bei Verdauungsbeschwerden kann Beifuß als Tee zubereitet werden: Dafür 1 Teelöffel getrockneten Beifuß (= 3 Teelöffel des frischen Krauts) mit 250 ml heißem Wasser übergießen und 2–3 Minuten zugedeckt ziehen lassen, maximal 3 Tassen täglich trinken. Für ein entkrampfendes, durchwärmendes Beifußbad 3 Handvoll frischen Beifuß (= 1 Handvoll getrockneten) in 3 l Wasser kurz aufkochen, weitere 15 Minuten ziehen lassen und ins Badewasser geben.

SCHAU MIR AUF DIE HAARE

Der Beifuß hat zwei Doppelgänger, die sich am einfachsten anhand der Blätter ausschließen lassen: Während die Blätter vom Beifuß oben glatt und dunkelgrün und unten deutlich grau-weiß-filzig behaart sind, ist der in Kräutergärten häufige, sehr bittere Echte Wermut (*Artemisia absinthum*, s. Foto) komplett seidig weißfilzig, sogar auf den Stängeln. Die giftige Beifuß-Ambrosie (*Ambrosia artemisifolia*, Seite 86) ist hingegen nirgendwo weißfilzig behaart.

Queller

Als „Spargel der Meeresküsten" entdecken Feinschmecker-Restaurants heutzutage den Queller wieder und servieren ihn gedünstet zu Fischgerichten.

„PICKLED SAMPHIRE" NENNT MAN IN ENGLAND IN ESSIG EINGELEGTEN QUELLER – ABSOLUT KÖSTLICH!

STECKBRIEF

NAME: *Salicornia europaea*
Gänsefußgewächse

BLÜTEZEIT: Juni bis August

HÖHE: 10–40 cm

LEBENSRAUM: auf schlickigen und sandigen, regelmäßig überfluteten Meeresböden, auch an den Ufern binnenländischer Salzseen

TYPISCH: ragen wie Mini-Armleuchter aus salzhaltigen Böden

SAMMELN: die oberen Triebspitzen

SALZSTANGEN DES NORDENS

Schon seit jeher sammelten die Bewohner der Meeresküsten den Queller als schmackhaftes und mineralstoffreiches Wildgemüse. In seinen verdickten Stängeln lagert er nicht nur Meersalz ein, sondern auch viel Jod, Zink, Eisen und viele weitere Mineralien. Zur Zubereitung braucht es kaum weitere Gewürze, denn Queller schmeckt bereits salzig und pfeffrig. Einfach roh in den Salat schnippeln oder leicht andünsten oder anbraten. Wegen des hohen Jodgehalts nicht bei Schilddrüsenüberfunktion geeignet.

Wiesen-Pastinak

Wild wachsender Bruder unseres gezüchteten Gemüse-Pastinaks mit würzigen Blüten, Blättern, Samen und Wurzeln.

WEGEN DER VERWECHSLUNGSGEFAHR MIT GIFTIGEN DOLDENBLÜTLERN NUR MIT VIEL ERFAHRUNG SAMMELN!

STECKBRIEF

NAME: *Pastinaca sativa*
Doldenblütler

BLÜTEZEIT: Juli bis September

HÖHE: 30–100 cm

LEBENSRAUM: sonnige Wiesen, Straßenböschungen, Steinbrüche und Wegränder

TYPISCH: Goldgelbe Blütenschirme, Stängel kantig und gefurcht. Ein Blatt besteht aus bis zu 15 Teilblättern. Geruch der Blätter beim Zerreiben süßlich möhrenartig

SAMMELN: Blätter, Blütenknospen, Blüten, Samen und Wurzeln

GERMANENWURZEL & HEILKRAUT

Alles am Wiesen-Pastinak schmeckt würzig nach einer süßlichen Mischung aus Möhre, Sellerie und Petersilie und ist sehr gesund. Knospen, Blüten, Blätter und Wurzeln schmecken roh als Würze im Salat oder in Quark und ebenso gekocht in Soßen und Suppen. Pastinakenwurzeln waren bereits für unsere Vorfahren eine wichtige Nahrungsquelle. Die Wurzel der Wildform ist fingerdick und schmeckt sehr intensiv. Ein Tee aus allen Teilen des Pastinaks wirkt harntreibend, verdauungsfördernd und entkrampfend.

Rot-Klee

Niemand Geringeres als die keltische Göttin Cerridwen soll den Klee bereits in der Ursuppe ihres heiligen Kessels gerührt haben.

STECKBRIEF

NAME: *Trifolium pratense*
Schmetterlingsblütler

BLÜTEZEIT: Mai bis September

HÖHE: 5–80 cm

LEBENSRAUM: Feuchtwiesen und Weiden, Rasen, Weg- und Straßenränder, auch feldmäßig angebaut

TYPISCH: kugelige, 2–3 cm große, rosarote Blütenköpfe, Blätter dreizählig

SAMMELN: Blätter und Blütenköpfe

WIESENSALAT

Kleeblätter sind vom Frühjahr bis in den Herbst ein reichlich zu findendes Wildgemüse, das mit seinem mild erbsenartigen Geschmack viele verschiedene Gerichte ergänzen kann. Am besten sind die zarten Frühjahresblätter, im Lauf des Sommers wird ihr Geschmack zunehmend strenger, dann sollte man sie eher als Würze nutzen. Ab Mai können auch die Blütenköpfe gesammelt werden: Man zupft die kleinen Blütchen zum Verarbeiten einzeln aus den kugeligen Köpfen und kann sie so entweder in Gerichte einrühren oder zum Schluss darüberstreuen.

TEE UND PFANNKUCHEN

Wenn im Mai der Rot-Klee zu blühen beginnt, ist es bei uns Tradition, ein Körbchen voll der Blüten sammeln zu gehen. Aus den ganzen Blütenköpfen wird ein Tee zubereitet, die ausgezupften Blüten mischen wir zum Teil in Pfannkuchenteig und mit den restlichen ausgezupften Blüten überstreuen wir die fertigen Pfannkuchen.

KLEE ROT-WEISS

Der Rot-Klee hat einige ähnliche Doppelgänger wie den Zickzack-Klee *(T. medium)*, den Gestreiften Klee *(T. striatum)* oder den nur auf salzigen Standorten vorkommenden Erdbeer-Klee *(T. fragiferum)*. Sie alle sind ebenfalls essbar. Bekannter ist der niedrigwüchsige Weißklee *(T. repens)*, den viele von Rasenflächen kennen. Auch er enthält ähnliche Inhaltsstoffe wie der Rot-Klee und ist essbar. Aber bitte auf den Sammelort achten: Nicht auf viel betretenen oder gedüngten Rasen sammeln.

PFLANZENHORMONE

Rot-Klee enthält sogenannte Phytoöstrogene. Das sind Pflanzenstoffe, die im Aufbau den Sexualhormonen (Östrogenen) im weiblichen Körper verblüffend ähnlich und fähig sind, den weiblichen Hormonhaushalt zu beeinflussen. So werden Nahrungsergänzungsmittel aus hochdosiertem Rot-Klee heute zur Linderung von Wechseljahresbeschwerden eingesetzt, wobei der Nutzen wissenschaftlich jedoch nicht erwiesen und die Einnahme solch konzentrierter Präparate umstritten ist. Gegen den gelegentlichen Verzehr oder eine Teekur aus Rot-Klee ist jedoch nichts einzuwenden.

WEGEN DER ENTHALTENEN PHYTOÖSTROGENE NICHT FÜR SCHWANGERE UND STILLENDE GEEIGNET!

Feld-Thymian (Quendel)

Eines der wundervollsten Kräuter für Küche und Gesundheit: Thymian sollte in jedem Haushalt stets reichlich vorhanden sein!

LILA BLÜHENDE POLSTER

DER ÄHNLICHE SAND-THYMIAN WÄCHST NUR 10 CM HOCH.

STECKBRIEF

NAME: *Thymus pulegioides* Lippenblütler

BLÜTEZEIT: Juni bis September

HÖHE: 5–30 cm

LEBENSRAUM: sonnig-warme, sandige Wiesen, Böschungen, trockene Lichtungen und Kiesgruben

TYPISCH: kantige Stängel, kleine harte Blättchen, die beim Zerreiben ätherisch duften, kleine rosa-lila-farbene Blüten in Köpfchen am Stängelende

SAMMELN: die oberen Triebspitzen vor und während der Blütezeit

HEILSAMES GEWÜRZ

Ob Feld-Thymian *(T. pulegioides)*, Sand-Thymian (*T. serpyllum*, s.o.) oder der in den Bergen wachsende Hochgebirgs-Thymian *(T. alpestris)*: Alle Thymiane sind ebenso bekömmlich wie schmackhaft. Ihre Inhaltsstoffe regen Bildung und Abgabe von Speichel und Magensäften an, wodurch auch schwere Kost leicht verdaut werden kann. Zum Würzen fetter Speisen ist deshalb ein Kräutersalz aus Thymian gut geeignet (Seite 29). Im Falle eines Falles vermag Thymian als Tee oder pur geknabbert Blähungen sowie Völlegefühl zu lindern.

AUF VORRAT TROCKNEN

ECHTER THYMIAN

Als Echter Thymian *(T. vulgaris)* wird ein im Mittelmeerraum beheimateter Thymian bezeichnet: Er kommt dort als verholzender, dicht verzweigter Kleinstrauch wild vor und blüht bereits ab Mai. Da er auch in unseren Breiten eine winterharte und pflegeleichte Staude ist, wird er bei uns häufig in Kräutergärten gepflanzt. Seine aromatischen Blättchen und Blüten liefern genau wie unser heimischer Feld-Thymian einen hervorragenden Tee gegen Magenbeschwerden und Atemwegserkrankungen und zugleich ein wohlschmeckendes Gewürz für die Küche.

ALTE ARZNEIPFLANZE

Der Echte Thymian *(T. vulgaris)* ist eine offizielle Arzneipflanze. Seine medizinische Wirkung ist anerkannt bei Bronchitis, Keuchhusten und Katarrhen der oberen Atemwege. Seine wirksamen Inhaltsstoffe, die ätherischen Öle Thymol und Carvacrol, sind auch in allen anderen oben beschriebenen Thymianarten enthalten, nur in unterschiedlich hohen Konzentrationen. Darum kannst du jeden Thymian als Tee kochen, inhalieren oder auch einfach pur essen – er hilft immer und verlässlich. Wie praktisch die Natur das eingerichtet hat.

THYMIANESSIG

Gib eine Hand voll frischen oder getrockneten Thymian (ganz mit Stängeln oder zerkleinert) in ein Glas und gieße einen guten Apfelessig darüber, so dass alle Kräuter bedeckt sind. Nach Geschmack 1–2 Teelöffel Honig zugeben. 2–3 Wochen stehen lassen, gelegentlich schwenken. Dann in eine saubere Flasche umfüllen und im Kühlschrank aufbewahren. Gibt Salatsoßen gesunde Würze. Hält etwa 6 Monate.

Schafgarbe

Sie ist eine alte Heilpflanze, die heute nicht mehr viele kennen: Ihre ätherischen Öle machen Speisen bekömmlicher und helfen bei Magen-Darm-Beschwerden.

STECKBRIEF

NAME: *Achillea millefolium* Korbblütler

BLÜTEZEIT: Juni bis Oktober

HÖHE: 30–120 cm

LEBENSRAUM: sonnige, sandige Wiesen, Weiden und Gebüsche

TYPISCH: fein gefiederte Blätter, schmutzig weiße Blüten im flachen Schirm an den Stängelenden

SAMMELN: Junge Blätter und Blüten

BAUCHWEHKRAUT

Junge Blüten und Blätter sind sparsam dosiert als bitter-scharfes, verdauungsförderndes Würzkraut zu nutzen. Sie lassen sich auch auf Vorrat trocknen und können Quark, Salat, Tomatensoße und Kräuterbutter beigegeben werden. Schafgarbe wirkt ähnlich wie Echte Kamille (Seite 52) entkrampfend und bekämpft wirksam Entzündungen in Magen und Darm, daher rührt ihr volkstümlicher Name „Bauchwehkraut“. Der nordamerikanische indigene Volksstamm der Nucui nennt sie schlicht „Wundmedizin“ und legt das frische, zerquetschte Kraut auf äußere Verletzungen.

Wilde Möhre

Sie ist eine der Urformen unserer Karotten. Man erkennt es noch am Duft und Geschmack ihrer Wurzel (Seite 79).

STECKBRIEF

NAME: *Daucus carota*
Doldengewächse

BLÜTEZEIT: Juni bis September

HÖHE: 30–100 cm

LEBENSRAUM: sonnige Wiesen und Wegränder

TYPISCH: Blätter gefiedert, duften beim Zerreiben angenehm, Stängel borstig behaart, hohl, Blütenschirm in der Mitte mit schwarzroter „Mohrenblüte“

SAMMELN: junge Blätter und Blüten, Wurzeln (Seite 79) vor der Blütezeit, Samen (Seite 81) nach der Blütezeit

UNTER DEN DOLDENBLÜTLERN GIBT ES SEHR GIFTIGE VERWECHSLUNGSARTEN!

BLEICHE, DÜNNE WURZEL

Die Wurzel der Wilden Möhre ist weißlich und spindeldünn. Blüht die Pflanze, so ist ihre Wurzel bereits hart und holzig. Nur Pflanzen, die noch keine Blütenstängel ausgebildet haben, haben genießbare Wurzeln. Angenehm petersilien- und möhrenartig schmecken dafür dann ihre jungen Blätter und auch die Blüten können roh oder gekocht verzehrt werden. Wegen der Verwechslungsgefahr mit anderen hochgiftigen Doldenblütlern wie der Hundspetersilie (Seite 88) solltest du die Wilde Möhre wirklich nur sammeln, wenn du sie ganz sicher bestimmen kannst!

Nachtkerze

Sie stammt ursprünglich aus Nordamerika, wo sie eine uralte Tradition als wertvolle Heil- und Gemüsepflanze hat.

ALLE MITTELEUROPÄISCHEN NACHTKERZENARTEN SIND ESSBAR UND GESUND.

STECKBRIEF

NAME: *Oenothera biennis* – Nachtkerzengewächse

BLÜTEZEIT: Juni bis September

HÖHE: 50–180 cm

LEBENSRAUM: sandig-kiesige Wiesen, Ödland und Naturgärten

TYPISCH: zweijährige Entwicklungszeit, im ersten Jahr nur eine Blattrosette am Boden

SAMMELN: Blätter und Wurzeln (April–Mai), Knospen und Blüten (Mai–September), Samen (August–November)

VON FRÜHJAHR BIS SPÄTHERBST

Alles an der Nachtkerze – von der Wurzel über Blätter und Blüten bis hin zu den Samen – ist gesund und essbar. Wurzeln und Blätter sammelt man nur von Jungpflanzen, die erst eine Rosette ausgebildet haben und noch keine Blütenstängel (Achtung! Nur wenn du die Rosetten eindeutig erkennst! Seite 89), denn später werden sie hart und holzig. Die Blätter schmecken am besten gekocht, die Wurzeln (Seite 79) geschnitten und gebraten. Mit Knospen und Blüten können Gerichte überstreut werden, die nahrhaften Samen (ab August, Seite 80) kannst du roh in Salat oder Müsli streuen.

Königskerze

Ihre leuchtend gelben Blütenkerzen sind schon von Weitem sichtbar und öffnen Tag für Tag so viele neue Blüten, dass wir ruhig einige davon stibitzen dürfen.

ALLE HEIMISCHEN KÖNIGSKERZENARTEN SIND GLEICHERMASSEN NUTZBAR.

STECKBRIEF

NAME: *Verbascum densiflorum*
Braunwurzgewächse

BLÜTEZEIT: Juli bis September

HÖHE: 50–250 cm

LEBENSRAUM: sonnige, nährstoffarme Wegränder, Wiesen und Ödland

TYPISCH: Blätter filzig behaart (siehe giftige Verwechslungsart Fingerhut, Seite 89), erinnern an „Eselsohren", kerzenförmiger Blütenstand, gelbe Blüten, 3–4 cm groß

SAMMELN: Blüten (Blätter höchstens sparsam zu verwenden)

HÜBSCH & HEILSAM

Königskerzenblüten sind eine schöne Dekoration auf Salaten und werden auch gern zum Aromatisieren von Likören und Limonaden genommen. Weniger bekannt ist, dass die Blüten darüber hinaus außerordentlich heilsam sind: Die in ihnen enthaltenen Saponine (Seifenstoffe) und Schleimstoffe wirken schleimlösend und sind ein anerkanntes Arzneimittel zur Behandlung von chronischer Bronchitis. Wir lassen die Blüten 3 Wochen in flüssigem Honig ziehen und sieben ihn anschließend durch ein Teesieb. Diesen kostbaren Blütenhonig nicht erhitzen, damit die Schleimstoffe nicht verloren gehen!

Essbare Blüten

Mit ein paar ausgezupften Blüten lassen sich viele Gerichte in etwas Besonderes verzaubern. Nicht nur optisch, auch inhaltlich haben Blüten so einiges drauf: Sekundäre Pflanzenstoffe, Bitterstoffe und ätherische Öle bringen Geschmack und wirken in vielen Fällen gesundheitsfördernd.

Klatsch-Mohn

Papaver rhoeas

Die roten Blütenblätter tragen am Grund einen schwarzen Fleck. Sie werden als essbare Dekoration genutzt oder um Süßspeisen zu färben. Achtung, der Pflanzensaft im Stängel ist giftig!

Borretsch

Borago officinalis

Himmelblaue Sternchenblüten mit lila Staubbeuteln. Borretsch findet man häufig in Gärten und auch verwildert an Böschungen und Wegrändern. Die Blüten sind eine hübsche, essbare Verzierung.

Wildrose **(Seite 98–99)**

Rosa spec.

Es gibt viele Arten von Wildrosen und alle haben essbare Blütenblätter. Sie sind im Geschmack ebenso blumig und zart, wie sie duften, und passen roh in Salate oder eingearbeitet in Kräuterzucker und -salze.

Weißdorn (Seite 100)

Crataegus spec.

V / VI

Seine Blütenknospen und Blüten sind eine frühlingshafte Zugabe zu Salaten und Desserts. Auch eingelegt in Wein oder als Tee werden die Blüten genutzt, denn sie sind gut für Herz und Kreislauf.

Taubnessel

Lamium spec.

IV / X

Taubnesseln ähneln mit ihren Blättern Brennnesseln, doch ihre Blätter brennen nicht. Alle Taubnesselblüten, ob rosa, weiß oder gelb, eignen sich roh oder gedünstet als dekoratives Wildgemüse.

Weidenröschen

Epilobium angustifolium

VI / VIII

Häufig auf Waldlichtungen, aber auch in Gebüschen, wo seine hohen, leuchtenden Blütenkerzen ins Auge fallen. Die ausgezupften Blüten sind eine essbare Dekoration auf Salaten, Brot oder Pfannkuchen.

Wegwarte (Seite 40)

Cichorium intybus

VII / X

Ihre himmelblauen Blüten erinnern an Kornblumen, schmecken aber erstaunlich bitter. Diese Bitterstoffe sind gesund, sie regen die Bildung von Verdauungssäften an. 3–5 Blüten pro Gericht genügen.

Wilde Malve

Malva spec.

VII / X

Malvenblüten enthalten heilsame Schleimstoffe, die gut für den Magen und gegen Husten sind. Mit ihrem feinen Geschmack passen sie roh zu vielen Gerichten und finden auch als Heiltee Verwendung.

Kornblume

Cyanus segetum

VI / X

Die blauen Blüten enthalten gesunde Bitterstoffe und können roh Speisen beigegeben werden. Kornblumenblüten wachsen oft auf Äckern – hier bitte wegen der Pestizidbelastung nicht sammeln.

Essbare Wurzeln

Schon unsere Vorfahren sammelten wilde Wurzeln und wussten ihre geballte Pflanzenkraft sehr zu schätzen. Man erntet sie im Herbst und Winter, wenn die Pflanze ihre Kraft nicht mehr zum Wachsen und Blühen braucht. Und auch für Wurzeln gilt: achtsam und nur in kleinen Mengen sammeln.

Acker-Kratzdistel

Cirsium arvense

Ein Wurzelgemüse aus den geschälten Wurzeln erinnert etwas an Spargel und ist knackig und lecker. Unbedingt vor der Blütezeit graben, da die Wurzeln danach verholzen.

Baldrian

Valeriana officinalis

Baldrianwurzeln wirken beruhigend auf die Nerven, ohne dabei müde zu machen. Wir mischen sie getrocknet in Kräutersalze oder legen die frische Wurzel in Olivenöl oder in Wein ein.

Löwenzahn (Seite 38/39)

Taraxacum officinale

Die enthaltenen Bitterstoffe regen Galle, Leber, Magen und Bauchspeicheldrüse an. Man verwendet sie als Bittergemüse, zum Ansetzen von Magenbitter (Seite 14/15) oder als Wurzelkaffee (Seite 39).

Wegwarte (Seite 40)

Cichorium intybus

Aus der bitteren Wurzel wird der koffeinfreie, magenschonende „Blümchenkaffee" gewonnen. Wie du diesen Kaffeeersatz ganz einfach selbst herstellen kannst, liest du auf Seite 39.

Nachtkerze (Seite 74)

Oenothera biennis

Ihre Wurzel offenbart sich angeschnitten überraschend rot-weiß gemustert. Angebraten in etwas Öl verfärbt sie sich rosa, und leicht gesalzen ist sie dann ein echtes Geschmackserlebnis!

Wilde Möhre (Seite 73)

Daucus carota

Die Urmutter unserer Gartenmöhre hat eine dünne weiße Wurzel, die sehr intensiv nach Möhre duftet. Im jungen Zustand ist sie roh oder gekocht essbar, danach verholzt sie schnell.

Meerrettich

Armoracia rusticana

Der bekannte Meerrettich kommt in Mitteleuropa häufig verwildert vor. Seine Wurzel enthält scharfe Senföle, die bakterienhemmend wirken und unser Immunsystem stärken.

Knoblauchsrauke (Seite 32/33)

Alliaria patiolata

Am besten sind ihre Wurzeln im zeitigen Frühjahr, wenn gerade eben die Blattrosetten aus der Erde sprießen – im Lauf des Sommers verholzen sie zunehmend. Ihr Geschmack erinnert an Meerrettich.

Klette

Arctium spec.

Ihre kräftigen Pfahlwurzeln sind mühsam zu graben. Sauber gebürstet und in Scheiben geschnitten sind sie roh oder gekocht lecker. Angesetzt in Öl (Seite 14/15) erhält man ein gutes Speise- und Heilöl.

Essbare Samen

Samen von Wildkräutern sind kleine Kraftpakete: In ihnen steckt alles an hoch konzentrierter Energie, was nötig ist, um zu einer vollständigen Pflanze heranwachsen zu können. Eiweiße, Fette und Kohlenhydrate, aber auch unterschiedliche Mineralien, Spurenelemente und Vitamine sind auch für uns Menschen sehr wertvoll. Man erntet die Samen, wenn die Hüllen, in denen sie stecken, trocken und bräunlich werden. Zu Hause noch einige Tage nachtrocknen und dann in verschließbaren Gläsern aufbewahren.

Brennnessel (Seite 22/23)
Urtica dioica

Brennnesselsamen schmecken fein nussig und enthalten viel Eiweiß sowie wertvolle ungesättigte Fettsäuren. Sie können unreif (grün) oder auch vollreif (braunschwarz) gesammelt werden.

Knoblauchsrauke (Seite 32/33)
Alliaria petiolata

Zum Ernten der Samen schütteln wir die trockenen Pflanzen mit den bräunlichen Schoten kopfüber in einen Eimer aus. Dabei platzen die Schoten auf und geben die Samen frei.

Nachtkerze (Seite 74)
Oenothera biennis

Aus Nachtkerzensamen wird das kostbare Nachtkerzenöl gewonnen, das wertvolle Fettsäuren enthält. Reife Samen aus den krugförmigen Samenhüllen schütteln und vor dem Verzehr anquetschen.

Klatsch-Mohn

Papaver rhoeas

Auch wilde Mohnsamen kann man wunderbar essen. Man sollte Mohn aber grundsätzlich sparsam dosieren. Die Samen lassen sich leicht aus den reifen Mohnkapseln streuen.

Wegerich (Seite 36/37)

Plantago spec.

Alle heimischen Wegericharten tragen essbare Samen. Sie schmecken überraschend nach Champignons. Am besten sind die noch grünen Samen: einfach abzupfen und über den Salat streuen.

Sauerampfer (Seite 63)

Rumex acetosa

Kleine Durstlöscher für unterwegs: An heißen Tagen im Juli und August streifen wir die Samen im Vorbeigehen von den Ähren und knabbern sie als zitronig-säuerliche Erfrischung. Auch lecker im Salat!

Hirtentäschel (Seite 27)

Capsella bursa-pastoris

Die Samen reifen in herzförmigen „Täschlein" und schmecken senfig-pfeffrig. Täschlein abschneiden, trocknen lassen und dann die Samen zwischen den Händen herausrubbeln.

Wilde Möhre (Seite 73)

Daucus carota

Ihre Samen haben denselben Grundgeschmack wie Blüten, Blätter und Wurzeln – nur deutlich schärfer und bitterer. Deshalb die Samen – fein gemörsert – bitte nur sparsam dosieren.

Malve (Seite 77)

Malva spec.

Alle wilden Malven tragen wohlschmeckende Samen. Grün und unreif sind sie am besten, vollreif (braun) lassen sie sich dafür aufbewahren; hierfür gut nachtrocknen lassen.

Giftige Blätter & Blüten

In jedem Frühjahr: Nach der selbst gesammelten Bärlauch-Mahlzeit kommt es zu Übelkeit und Erbrechen. Dabei war man doch so sicher, den Bärlauch gut zu kennen …

ERKENNEN – ABER RICHTIG!

Es genügt einfach nicht, sich beim Erkennen von Wildpflanzen auf einzelne Merkmale wie „riecht zerrieben nach Knoblauch“ oder „breit-ovale Blätter“ zu verlassen. Denn wenn die Finger bereits nach Knoblauch riechen, dann ist ein Blatt vom giftigen Maiglöckchen oder Aronstab schnell dazwischen gerutscht. Nimm dir bitte vorher die Zeit und schau dir Wildpflanzen, die du sammeln möchtest, wirklich genau an – von der Wurzel über die Blattstiele und Blätter bis hin zur Blüte.

MIT DOPPELGÄNGERN VERTRAUT MACHEN

Hast du dich mit deiner Wildpflanze vertraut gemacht, dann schau dir unbedingt noch einmal an, worin sie sich von ihren giftigen Doppelgängern unterscheidet. Es sind oft nur wenige Merkmale, die aber im Falle eines Falles lebensrettend sein können!

Maiglöckchen

STECKBRIEF

NAME: *Convallaria majalis*
Spargelgewächse

BLÜTEZEIT: April bis Juni

HÖHE: 10–30 cm

LEBENSRAUM: wächst wild im Halbschatten von Wäldern und Hecken (auch inmitten von Bärlauchbeständen!), angepflanzt in Parks und Gärten

GIFTIGER DOPPELGÄNGER DES BÄRLAUCHS

Die 2 (-3) Blätter des Maiglöckchens sitzen – im Gegensatz zu den sehr ähnlichen Bärlauchblättern (Seite 44/45) – immer an ein und demselben Stängel, den sie fest umfassen. Die Blattunterseite ist nicht matt wie beim Bärlauch, sondern glänzend. Beim Zerreiben riechen die Blätter nicht nach Knoblauch.

Aronstab (Seite 131)

STECKBRIEF

NAME: *Arum maculatum*
Aronstabgewächse

BLÜTEZEIT: April bis Mai

HÖHE: 15–40 cm

LEBENSRAUM: feuchte, nährstoffreiche Wälder, Gebüsche, Hecken und schattige Gärten

JUNGE BLÄTTER WIE BÄRLAUCH

Junge Blätter des Aronstabs sind noch nicht so typisch pfeilförmig und derb, sondern länglich und zart – ähnlich wie die Blätter des Bärlauchs (Seite 44/45). Die beiden Arten können direkt nebeneinander wachsen! Achte auf die Blattadern: Sie sind beim Aronstab verzweigter und gröber als beim Bärlauch.

Herbstzeitlose

STECKBRIEF

NAME: *Colchicum autumnale*
Zeitlosengewächse

BLÜTEZEIT: August bis Oktober

HÖHE: 5–40 cm

LEBENSRAUM: wechselfeuchte Wiesen, flussnahe Laubwälder, Gärten und Parks

DIE IM HERBST BLÜHT

Auch sie kann im Frühjahr mit dem Bärlauch (Seite 44/45) verwechselt werden. Achte auf die Blattstiele: Herbstzeitlosenblätter sind überhaupt nicht gestielt! Außerdem sind all ihre Blätter unten am Grund miteinander verwachsen. Die Blüten der Herbstzeitlosen erscheinen erst ab Spätsommer.

Schneeglöckchen

STECKBRIEF

NAME: *Galanthus nivalis*
Narzissengewächse

BLÜTEZEIT: Februar bis März

HÖHE: 8–20 cm

LEBENSRAUM: Wächst wild in feuchten Laubwäldern, Wiesen und Gebüschen, auch als Zierpflanze in Parks und Gärten, von hier aus häufig verwildert.

BESSER NICHT ANFASSEN

Alles am lieblichen Schneeglöckchen ist giftig: von der Zwiebel und den Blättern bis hin zu Blüten und Früchten. Von Vergiftungen sind meist Kinder betroffen, die gern mit dem zarten Pflänzchen im Garten „kochen“. Bauchschmerzen, Erbrechen und Durchfall bis hin zu Benommenheit sind die Folgen.

Haselwurz

STECKBRIEF

NAME: *Asarum europaeum*
Osterluzeigewächse

BLÜTEZEIT: März bis Mai

HÖHE: 5–10 cm

LEBENSRAUM: nährstoffreiche, kalkhaltige, eher feuchte Wälder und Gebüsche

BLÄTTER WIE DAS SCHARBOCKSKRAUT

Vor Erscheinen der Blüten sieht sie dem Scharbockskraut (Seite 24/25) ähnlich, das zur selben Zeit sprießt. Riecht und schmeckt aber pfeffrig. Im Unterschied zum Scharbockskraut sind der Stängel und die Unterseite der Blätter (zumindest aber die Blattnerven) behaart und sie bildet keine Wurzelknöllchen.

Beifuß-Ambrosie

STECKBRIEF

NAME: *Ambrosia artemisifolia*
Korbblütler

BLÜTEZEIT: August bis Oktober

HÖHE: 50–100 (150) cm

LEBENSRAUM: Kiesgruben, Acker- und Straßenränder, Gärten, häufig an Vogelfutterplätzen

DOPPELGÄNGER DES BEIFUSS

Im Unterschied zum ähnlichen Beifuß (Seite 64/65) mit grüner (nicht weiß-filziger) Blattunterseite. Zunehmend in Gärten, wo ihre Samen mit Vogelfutter eingeschleppt werden. Gefürchtet ist ihr extrem stark allergen wirkender Pollen: Schon winzige Mengen können Heuschnupfen und Asthma auslösen.

Winterling

BLÜTEN ÄHNLICH DEM SCHARBOCKSKRAUT

STECKBRIEF

NAME: *Eranthis hyemalis*
Hahnenfußgewächse

BLÜTEZEIT: Februar bis April

HÖHE: 5–15 cm

LEBENSRAUM: Gärten, von wo aus er gerne verwildert, Wildvorkommen in Mitteleuropa v. a. in Weinbergen

STARK GIFTIGE GARTENPFLANZE

Seine gelben Blüten erscheinen zeitgleich mit denen des Scharbockskrauts und sind ihnen auf den ersten Blick nicht unähnlich. Die Blätter sind dafür ganz anders geformt. Winterlinge enthalten stark giftige Herzglykoside, die zu Atemnot und Herzstillstand führen können. Am giftigsten sind die Wurzelknollen.

Buschwindröschen

GESCHLITZTE BLÄTTER

WEISSER FRÜHBLÜHER IM WALD

STECKBRIEF

NAME: *Anemone nemorosa*
Hahnenfußgewächse

BLÜTEZEIT: März bis April

HÖHE: 10–25 cm

LEBENSRAUM: Wälder, Waldränder und Gebüsche

KOPF AN KOPF MIT DEM SAUERKLEE

Die giftigen Buschwindröschen sind wie der Sauerklee (Seite 31) Frühblüher im Wald und häufig findet man sie sogar direkt nebeneinander. Da ihre Blüten ähnlich sind, ist eine Verwechslung hier leicht geschehen. Darum beim Pflücken der Blüten vorher immer die ganze Pflanze mitsamt ihren Blättern betrachten!

Gefleckter Schierling

STECKBRIEF

NAME: *Conium maculatum*
Doldenblütler

BLÜTEZEIT: Juni bis September

HÖHE: 80–180 cm

LEBENSRAUM: lehmreiche Äcker und Wiesen, Ufersäume von Flüssen, Meeresküsten

TÖDLICHER SCHIERLINGSBECHER
Mit einem Trank aus dem giftigen Schierling, verabreicht aus dem „Schierlingsbecher", wurde der Philosoph Sokrates in der Antike grausam hingerichtet. Die Blüten stinken zerrieben intensiv nach Mäuseurin, seine Blätter sind gefiedert, der Stängel bläulich überreift und meist rot gefleckt.

Hundspetersilie

STECKBRIEF

NAME: *Aethusa cynapium*
Doldenblütler

BLÜTEZEIT: Juni bis September

HÖHE: 10–120 cm

LEBENSRAUM: Gärten, Äcker, Wiesen, Weinberge, Wald- und Wegränder

TÖDLICH GIFTIGE PETERSILIE
Kann in Gärten mit glatter Petersilie und außerhalb mit anderen Doldenblütlern verwechselt werden. Im Englischen wird sie auch „Fool's Parsley" genannt. Im Unterschied zum Küchenkraut riecht sie nicht nach Petersilie, ihre Blätter sind unterseits auffallend glänzend und ihr Stängel ist rot gefleckt.

Jakobs-Greiskraut

STECKBRIEF

NAME: *Senecio jacobaea*
Korbblütler

BLÜTEZEIT: Juli bis September

HÖHE: 30–100 cm

LEBENSRAUM: häufig auf sonnigen Wiesen und Weiden

VIEL MEHR GELBE BLÜTENBLÄTTER
Auf den ersten Blick wird es gern mit dem Johanniskraut (Seite 58) verwechselt, beide Arten blühen häufig direkt nebeneinander. Doch das Johanniskraut hat nur 5 Blütenblätter! Das Jakobs-Greiskraut enthält stark leberschädigende Alkaloide, die für Menschen und Weidetiere gleichermaßen giftig sind.

Fingerhut

STECKBRIEF

NAME: *Digitalis purpurea*
Wegerichgewächse

BLÜTEZEIT: Juni bis August

HÖHE: 70–150 cm

LEBENSRAUM: Laub- und Nadelwälder, Waldwege, Lichtungen

VORSICHT MIT DEN BLATTROSETTEN VOR DER BLÜTEZEIT
Eine besondere Verwechslungsgefahr besteht bei der Blattrosette, bevor der Fingerhut blüht. Die runzligen Blätter erinnern stark an die Rosetten von Königskerzen, könnten unter Umständen aber auch mit Rosetten von Nachtkerzen verwechselt werden. Alles am Fingerhut ist bereits in kleinen Mengen tödlich giftig!

Goldregen

STECKBRIEF

NAME: *Laburnum anagyroides*
Hülsenfrüchtler

BLÜTEZEIT: April bis Juni

HÖHE: bis zu 8 m hoher Strauch oder Kleinbaum

LEBENSRAUM: sonnige Gärten und Parks

GEFÄHRLICHER ZIERSTRAUCH FÜR KINDER

Der Goldregen wird wegen seiner Blütenpracht gern als Zierde in Gärten und Parks gepflanzt, wo er zu einer Gefahr für Kinder werden kann. Mit Vorliebe „kochen" gerade die Kleineren mit Sand und herabgefallenen Blüten und Samenschoten. Die tödliche Dosis für Kleinkinder beträgt 3–4 Früchte (= 15–20 Samen).

Eibe

STECKBRIEF

NAME: *Taxus baccata*
Eibengewächse

BLÜTEZEIT: März bis April

HÖHE: 2–15 m

LEBENSRAUM: heute selten im Unterwuchs von Wäldern, häufiger gepflanzt in Gärten und Parks

TÖDLICH GIFTIGE SPROSSEN

Junge Eibensprossen können im Frühjahr mit Fichtensprossen (Seite 47) verwechselt werden. Aber Eibennadeln wachsen im Gegensatz zu Fichten sehr ordentlich gescheitelt an den Zweigen, außerdem stechen sie nicht. Ihre Nadeln sind flach (nicht rund), oberseits glänzend dunkelgrün, die Unterseite matter hellgrau-grün.

Lebensbaum

STECKBRIEF

NAME: *Thuja spec.*
Zypressengewächse

BLÜTEZEIT: April bis Mai

HÖHE: 5–20 m

LEBENSRAUM: bei uns nicht heimisch, häufig als „Thujahecke“ in Gärten gepflanzt

GEFAHRENQUELLE GARTEN

In Gärten und Parks finden sich viele verschieden aussehende Zuchtformen des ursprünglich nordamerikanischen Baums: Zwergformen, Kugelformen, Schnitthecken und solche mit goldgelben Nadeln. Hochgiftig sind sie alle für Mensch und Tier – und zwar sowohl die Nadeln als auch Zapfen und Holz.

Buchsbaum

STECKBRIEF

NAME: *Buxus sempervirens*
Buchsbaumgewächse

BLÜTEZEIT: April bis Mai

HÖHE: 30 cm–6 m

LEBENSRAUM: wild wachsend in Laubwäldern, gepflanzt in Gärten und Parks

STARK GIFTIGE BLÄTTER FÜR MENSCH UND TIER

In Kugelform geschnittene Buchsbaumsträucher und Beeteinfassungen aus Buchsbaum sind beliebte Gestaltungselemente in Gärten. Nicht viele wissen, dass schon der Verzehr weniger Blätter bei Kindern schwere Vergiftungserscheinungen nach sich zieht. Bereits 750 g der Blätter sind für ein Pferd tödlich giftig.

Wilde Früchte im Spätsommer und Herbst

Wildfrüchte sind so, wie die Natur sie erschaffen hat: kräftig, widerstandsfähig und lecker. Sie brauchen weder Pflege noch Dünger oder gar Gifte, denn sie wurden vom Menschen weder verändert noch gezüchtet.

DIE KRAFT DER NATUR

Diese urwüchsige Kraft solltest du dir am Ende des Sommers bis in den Winter hinein nicht entgehen lassen! Lerne nach und nach die verschiedenen Geschmacksrichtungen kennen und probiere aus, in welcher Form du sie am liebsten magst.

FRISCH, GEKOCHT ODER KONSERVIERT

Viele Wildfrüchte kannst du einfach direkt frisch verzehren. Andere müssen, damit sie bekömmlich werden, erst einmal gekocht werden. Und wenn du dir den Fruchtgenuss bis in den Winter erhalten willst, kannst du die meisten Arten auf ganz unterschiedliche Weise haltbar machen.

Vogelbeere (Eberesche)

Als Kinder wurden wir vor den giftigen Vogelbeeren gewarnt – das stimmte nur halb. Roh sind die Früchte zwar leicht giftig, gekocht aber sehr gesund.

VIII IX

BÜSCHELWEISE FRÜCHTE

NICHT VERWECHSELN MIT TRAUBENHOLUNDER ODER MEHLBEERE.

STECKBRIEF

NAME: *Sorbus aucuparia* Rosengewächse

FRUCHTREIFE: August bis Oktober

HÖHE: 5–15 m

LEBENSRAUM: Waldränder, Hecken, Knicks und Straßenränder, hier oft gepflanzt

TYPISCH: erbsengroße, orangerote Früchte, die büschelweise am Baum hängen, Blätter gefiedert

SAMMELN: reife, orangerote Früchte

ABWECHSLUNG IN MARMELADEN

BITTER, SAUER & VOLLER VITAMINE
Für sich allein genommen sind Vogelbeeren auch in gekochtem Zustand zugegeben kein ausgesprochener Hochgenuss, gemischt mit milderen Früchten geben sie Marmeladen oder Chutneys aber einen besonderen und guten Geschmack. Am besten schon im August ernten und einfrieren, bis die Äpfel reif sind. Wir mögen Vogelbeeren mit Apfelsaft zu Marmelade verkocht, mit ganzen Äpfeln wird ein Apfelmus daraus. Vor dem Abfüllen in Gläser streichen wir das Pflanzenmus bzw. die Marmelade durch ein Sieb, um die bitteren Kerne zu entfernen.

Mehlbeere

Man kennt sie hauptsächlich als Straßenbepflanzung, dabei wächst die Echte Mehlbeere auch in Wäldern und Hecken und trägt sogar essbare Früchte.

X XI

LECKER: MEHLBEEREN ZUSAMMEN MIT INTENSIVER SCHMECKENDEN FRÜCHTEN IN FRÜCHTEBROTE EINBACKEN.

ORANGEROT UND ETWAS BEMEHLT

SANFTE SCHWESTER DER VOGELBEERE

Die Früchte der Mehlbeere ähneln den Früchten der Vogelbeere (linke Seite), schmecken aber lange nicht so herb und sauer, sondern eher süßlich-mehlig mit einem Hauch von Bittermandel. Im Gegensatz zu Vogelbeeren dürfen sie auch roh gegessen werden. Die Unterscheidung der beiden Arten gelingt am einfachsten anhand ihrer Blätter: Das Blatt der Vogelbeere ist in viele feine Abschnitte gefiedert, Mehlbeerenblätter sind dagegen ganzrandig. Da Mehlbeeren nicht viel Eigengeschmack haben, aber gut sättigen, hat man sie früher, getrocknet und zerstampft, Brotteigen beigemischt.

STECKBRIEF

NAME: *Sorbus aria* – Rosengewächse

FRUCHTREIFE: August bis November

HÖHE: 5–15 m

LEBENSRAUM: kalkreiche, sonnige Waldränder und Gebüsche, häufig als Straßenbaum gepflanzt

TYPISCH: orangerote Früchte, derbe, ungeteilte Blätter mit gräulich-filziger Blattunterseite

SAMMELN: die reifen Früchte

Sanddorn

Die Mini-Orangen riechen eigenartig nach Buttersäure und schmecken extrem sauer – sie sollten nur in kleinen Mengen verzehrt werden.

STECKBRIEF

NAME: *Hippophae rhamnoides*
Ölweidengewächse

FRUCHTREIFE: August bis Dezember

HÖHE: 1–6 m

LEBENSRAUM: Dünen und Steilufer an Küsten, trockene Nadelwälder, Kiesgruben, Felshänge, ausgetrocknete Flussbetten, gepflanzt in Gärten und Parks

TYPISCH: dorniger Strauch, orangene Früchte, graugrüne, schmale Blätter

SAMMELN: die reifen Früchte

HEILOBST DER TIBETER

Unser Sanddorn ist auch in Asien weitverbreitet, wo er bereits seit dem 9. Jahrhundert eine der wichtigsten Quellen für Nahrung, Tierfutter und Medizin war. Man nutzte ihn zum Schleimlösen bei Husten, zur Stärkung des Immunsystems gegen Infekte, gegen Rheuma, zur Verbesserung des Blutkreislaufs und äußerlich gegen Hautkrankheiten. Wie wir heute wissen, enthalten die Früchte sehr viel Vitamin C, B-Vitamine, Vitamin E, Mineralstoffe und viele verschiedene Flavonoide. Täglich sollte man nicht mehr als 5–10 g der Früchte verzehren.

DER FEUERDORN HAT DUNKELGRÜNE, BREITERE BLÄTTER UND SEINE FRÜCHTE KÖNNEN ROT SEIN.

SANDDORNSAFT

FEUERDORN

DER EINFRIER-TRICK

Das Sammeln der Früchte ist eine ausgesprochen piksige Angelegenheit. Wesentlich einfacher: Die Zweigenden mit daran haftenden Früchten abschneiden und über Nacht einfrieren. Danach lassen sich die Beeren leicht von den Zweigen lösen oder abklopfen. Der Sanddorn gehört zu den Sträuchern, die Rückschnitte gut vertragen und erneut ausschlagen.

SANDDORN-HONIG-SAFT SELBST MACHEN

Gib 500 g frische Sanddornbeeren mit 150 ml Apfelsaft und 100 ml Wasser in einen Topf. Kurz aufkochen und noch heiß durch ein Sieb in eine Kanne füllen (den Brei gut auspressen). Abkühlen lassen, bis der Saft lauwarm ist, und dann noch 4 Esslöffel Honig unterrühren. Den Saft in Eiswürfelbehältern einfrieren, so hast du immer praktische kleine Portionen griffbereit, um damit Soßen oder Joghurts zu verfeinern. Oder um im Falle eines Infekts dein Immunsystem mit dem puren Saft zu stärken.

ÄHNLICH: DER FEUERDORN

Der Sanddorn wird oft mit dem Feuerdorn *(Pyracantha spec.)* verwechselt. Er wird noch häufiger als der Sanddorn als Zierstrauch in Gärten und Parks gepflanzt, ist ebenfalls dornig und trägt ganz ähnliche Früchte. Diese enthalten in den Samen jedoch schwach giftige Blausäureglykoside. Der Verzehr ganzer Früchte mit Samen führt deshalb zu Magen-Darm-Beschwerden. Es ist jedoch unbedenklich, aus Feuerdorn Marmelade zu kochen, wenn die Kerne vor dem Abfüllen in einem Sieb zurückgehalten werden.

Wildrose (Seite 76)

Die Früchte der Wildrosen heißen „Hagebutten“ und zählen sicher zum Schmackhaftesten, was wilde Hecken im Herbst für uns bereithalten.

IX/X

LÄNGLICHE HAGEBUTTEN

ECHTER HAGEBUTTENTEE

Hagebuttentee ist knallrot? Ist er nicht. Sammle eine Handvoll Hagebutten, schneide sie in kleine Stückchen (Kerne können drinbleiben) und gib sie mit 300 ml Wasser in einen Topf. Kurz aufkochen und noch 10 Minuten ziehen lassen. Sieht anders aus als gekaufter Hagebuttentee? Ganz sicher, denn dieser wird mit färbenden Zusätzen versehen, damit er knallig rot wird.

STECKBRIEF

NAME: *Rosa canina* – Rosengewächse

FRUCHTREIFE: September bis Dezember

HÖHE: 1–3,5 m

LEBENSRAUM: häufig in Gebüschen, Hecken und an Waldrändern

TYPISCH: länglich-eiförmige Hagebutten und dornige, überhängende Zweige

SAMMELN: die reifen, korallenroten Hagebutten

DIE KERNE DÜRFEN RUHIG MITKOCHEN, SIE GEBEN EIN ZUSÄTZLICHES, VANILLEARTIGES AROMA.

OBST DER KELTEN UND GERMANEN

Wie wir aus archäologischen Funden rings um die Pfahlbauten keltischer und germanischer Stämme wissen, zählten Hagebutten damals zu den wichtigsten und heiligsten Wildfrüchten. Sogar in Grabstätten und als Opferbeigaben fanden sie Verwendung, was auf ihre damals große Bedeutung schließen lässt. Reichhaltig sind ihre mittlerweile entschlüsselten Wirkstoffe: Hagebutten enthalten u. a. viel Vitamin C, Vitamin K, B-Vitamine, Flavonoide, Fruchtsäuren, Karotinoide und Mineralstoffe und sind damit überaus gesund!

MARMELADE AUS DER HECKE

Hagebutten sind reif, wenn ihre Farbe von orange zu rötlich wechselt und sie sich etwas weich anfühlen (nicht matschig). Am besten die Früchte einzeln mit einer Schere abschneiden. Zu Hause abbrausen, Stiel- und Blütenansatz abschneiden und mit Wasser bedeckt zum Kochen bringen. Etwa 10 Minuten köcheln lassen, bis ein Brei daraus wird, durch ein Sieb in einen zweiten Topf streichen und mit Gelierzucker im Verhältnis 2:1 nach Anweisung fertigkochen. Lecker als Brotaufstrich und in Joghurt.

RIESENHAGEBUTTEN

Viele kennen sie, aber nur die wenigsten wissen, dass auch ihre großen Hagebutten essbar sind: Die Kartoffelrose *(Rosa rugosa)* stammt aus Asien und wird als besonders robuste Art bei uns häufig zur Befestigung von Böschungen, zum Dünenschutz und als Heckenrose in Gärten gepflanzt. Ihre Hagebutten sind bis zu 3 cm groß und erinnern eher an knallrote kleine Äpfel. Sie sind ebenso aromatisch und gesund wie alle anderen Hagebutten, die wir in unseren Breiten finden, liefern dabei aber deutlich mehr an „Masse“.

Weißdorn (Seite 46)

Schon in der Antike fanden Weißdornfrüchte als Heil- und Genussmittel Verwendung. Damals aß man sie, um damit Magen und Darm zu stärken.

DIE FRÜCHTE SIND NICHT SAFTIG, DAHER BESTENS ZUM TROCKNEN GEEIGNET.

STECKBRIEF

NAME: *Crataegus spec.* Rosengewächse

FRUCHTREIFE: September bis November

HÖHE: 2–10 m

LEBENSRAUM: Hecken, Gebüsche und Waldränder

TYPISCH: dorniger Strauch mit kugeligen, erbsengroßen Früchten

SAMMELN: die reifen, tiefroten Früchte

HERZFRÜCHTE

Weißdornfrüchte sind nicht größer als Erbsen und in ihrem Inneren machen sich (je nach Art) noch 1–2 (seltener 3) recht große Kerne breit. Das bisschen verbleibende Fruchtfleisch verdient kaum seinen Namen, so mehlig ist es. Trotzdem zählen Weißdornfrüchte zum Besten, was die Natur uns im Herbst bietet. Denn darin stecken wertvolle Wirkstoffe, die Herz und Kreislauf stärken und dafür sorgen, dass unsere Organe besser durchblutet und so mit Sauerstoff versorgt werden. Die Früchte schmecken eingelegt in Wein (Seite 14/15) oder als Früchtetee!

Vogelkirsche (Seite 47)

Klein und aromatisch: Wilde Vogelkirschen sind ebenso nutzbar wie Süßkirschen. Sie können roh genascht, zu Marmeladen verkocht oder verbacken werden.

STECKBRIEF

NAME: *Prunus avium* – Rosengewächse

FRUCHTREIFE: Juli

HÖHE: 15–30 m

LEBENSRAUM: lichte Wälder, Waldränder, Hecken und Knicks

TYPISCH: bis maximal 1 cm kleine, dunkelrote Kirschen

SAMMELN: die reifen, roten Kirschen

VOGELKIRSCHEN SIND DIE WILDFORM UNSERER GRÖSSEREN UND HELLEREN SÜSSKIRSCHEN.

KLEINE KIRSCHEN, GROSSER GESCHMACK

Vogelkirschen ähneln den Kirschbäumen aus unseren Gärten, sie sind ja auch nah mit ihnen verwandt: Aus der Vogelkirsche züchtete man im Mittelmeerraum vor Tausenden Jahren erste Kulturformen unserer heutigen Süßkirschenbäume.

Die wilden Kirschen sind deutlich kleiner, oft tiefer rot und weniger süß, eher säuerlich-bitter. Sie sind perfekt geeignet, um sie ganz in Kuchenteig (samt Kernen) zu verbacken. So geht das feine Bittermandel-Aroma der Kerne mit in den Kuchen über. Kerne einfach ausspucken.

Kornelkirsche

Roh vom Strauch genascht sind die kirschähnlichen Früchte nicht gerade eine Sensation – verarbeitet in Marmelade, Essig oder Likör aber schon!

NICHT VERWECHSELN MIT DER GIFTIGEN ROTEN HECKENKIRSCHE (SEITE 131).

STECKBRIEF

NAME: *Cornus mas* – Hartriegelgewächse

FRUCHTREIFE: August bis Oktober

HÖHE: 2–6 m

LEBENSRAUM: Hecken, Knicks und Waldsäume, häufig auch angepflanzt in Gärten und Parks

TYPISCH: 1–2 cm lange, ovale (nicht runde!) „Kirschen"

SAMMELN: die roten Kirschen, wenn sie sich etwas weich anfühlen (nicht matschig)

SCHMECKEN NICHT WIE KIRSCHEN

Da Kornelkirschen nicht mit Kirsch- oder anderen Obstbäumen verwandt sind, verwundert es nicht wirklich, dass sie auch nicht schmecken wie „normales" Obst. Roh schmecken sie unangenehm zusammenziehend, weshalb häufig empfohlen wird, sie erst überreif zu ernten. Dann enthalten sie allerdings immer noch viele Gerbstoffe und sind außerdem matschig. Wir ernten sie am liebsten, wenn sie gerade beginnen, sich von korallenrot zu weinrot zu verfärben und sich ein klein wenig zusammendrücken lassen.

HEILSAMER LIKÖR

Kornelkirschlikör hilft, likörgläschenweise genossen, hervorragend bei gereiztem Magen und bei Darmbeschwerden. Zugegeben, er schmeckt auch so einfach unvergleichlich gut und ist daher immer bei uns zu finden – außer er ist schon wieder leer. Wer keinen Alkohol zu sich nehmen möchte, legt Kornelkirschen stattdessen in guten Apfelessig ein (Seite 14/15).

VORHER ANPIKSEN

Perfekt für die Ernte sind die Früchte, wenn sie sich leicht vom Baum lösen lassen oder gerade frisch abgefallen sind. Da sie schnell schimmeln, die Früchte zu Hause abbrausen und gleich weiter verarbeiten – oder erst einmal einfrieren. Wichtig: Sollen Kornelkirschen in Alkohol oder Essig eingelegt werden, müssen sie vorher unbedingt mit einer Gabel oder einer Nadel mehrfach angepikst werden, sonst hat der Saft keine Chance, durch die feste Schale zu entweichen.

ROTE OLIVE

Unreife, grünlich-rote Kornelkirschen lassen sich einlegen wie Oliven: Zuerst 350 g Salz in 1 l warmem Wasser lösen und 500 g Kornelkirschen damit übergießen, 14 Tage stehen lassen, dann die Kirschen absieben. Jetzt in einem Topf 500 ml Apfelessig, 1–2 Esslöffel Zucker, 2 Teelöffel Salz und Gewürze mischen. Kornelkirschen hineingeben und alles 3–4 Minuten köcheln lassen. Früchte in Gläser füllen (nicht ganz vollmachen), mit dem noch heißen Sud übergießen und fest verschließen. Mindestens 3 Wochen reifen lassen!

Preiselbeere

Die bitter-säuerlichen Beeren sind gut für die Verdauung und stärken mit wertvollen Inhaltsstoffen unser Immunsystem.

VIII IX

PREISELBEEREN SIND ZWERGSTRÄUCHER

STECKBRIEF

NAME: *Vaccinium vitis-idaea* Heidekrautgewächse

FRUCHTREIFE: August bis September

HÖHE: 10–30 cm

LEBENSRAUM: Nadel- und Eichenwälder, Heiden

TYPISCH: Blätter ledrig, Unterseite dunkel punktiert, Früchte kugelrund wie rote Erbsen

SAMMELN: die reifen, roten Früchte

TYPISCH PREISELBEERE

Preiselbeeren findest du in kargen Lebensräumen mit sauren Böden. Ihre Beeren sind reif scharlachrot, erbsengroß und kugelrund, sie sitzen immer zu mehreren dicht an dicht zusammen. An der Spitze jeder Beere sitzt ein vierzackiges Krönchen-Überbleibsel ihrer Kelchblätter. Das Innere der Beeren ist saftig (vgl. Bärentraube, s.r.). Die Blätter sind ledrig und glänzend, die Ränder nach unten eingerollt. Charakteristisch sind die zahlreichen bräunlichen Pünktchen an der hellgrünen Blattunterseite.

KUGELRUNDE, ROTE BEEREN

DIE UNGENIESSBARE BÄRENTRAUBE

SCHMU IM SUPERMARKT

Wenn du Preiselbeeren im Supermarkt kaufst, schau genau hin, was wirklich drin ist: Was dort als „Kultur-Preiselbeere" angeboten wird, ist keine Preiselbeere, sondern die amerikanische Cranberry *(Vaccinium macrocarpon)*. Im Gegensatz zur genügsamen, robusten europäischen Preiselbeere wird ihre Verwandte in den USA in großflächigen Monokulturen angebaut.

ROH ODER EINGEKOCHT

Preiselbeeren schmecken roh bittersäuerlich, weshalb sie überwiegend eingekocht mit Zucker als Marmelade oder Saft genossen werden. Von den Ureinwohnern Alaskas ist aber bekannt, dass sie Preiselbeeren regelmäßig auch roh gegen Erkältungen und Husten aßen. Aus heutiger Sicht macht das absolut Sinn, denn die Beeren enthalten viel abwehrstärkendes aber hitzeempfindliches Vitamin C, daneben A- und B-Vitamine, Fruchtsäuren, immunstärkende rote Pflanzenfarbstoffe und Mineralstoffe wie Calcium und Magnesium.

ACHTUNG, DOPPELGÄNGER!

Die ungenießbare Bärentraube *(Arctostaphylos uva-ursi)* kann neben der Preiselbeere wachsen, ist aber seltener. Achte auf ihre Wuchsform: Die Zweige kriechen flach ausgebreitet über den Untergrund. Die Blattunterseiten weisen ein feines Adernnetz auf und sind nicht punktiert wie bei der Preiselbeere. Ihre Beeren sind auch nicht kugelrund, sondern sehen aus, als hätte sie jemand zwischen Daumen und Zeigefinger leicht platt gedrückt. Ihr Inneres ist weiß, holzig und mehlig, nicht saftig wie bei der Preiselbeere.

Wald-Erdbeere

Jeder kennt sie – wahrscheinlich. Eine Verwechslung mit den sogenannten „Scheinerdbeeren" ist zwar nicht gefährlich, darum wissen sollte man dennoch.

VI
VII

ECHTE WALD-ERDBEEREN

FALSCHE ERDBEEREN!

DIE FRÜCHTE DER FALSCHEN SCHEINERDBEEREN HÄNGEN NICHT KOPFÜBER, SONDERN „SCHAUEN IN DEN HIMMEL".

STECKBRIEF

NAME: *Fragaria vesca*
Rosengewächse

FRUCHTREIFE: Juni bis Juli

HÖHE: 5–25 cm

LEBENSRAUM: lichte Wälder, Waldränder, Hecken und Gärten

TYPISCH: dreilappige Blätter, typische Erdbeerfrüchte „in klein"

SAMMELN: die reifen Früchte

ECHTE UND FALSCHE ERDBEEREN

Die kleinen wilden Erdbeeren am besten sofort frisch und roh verwenden. Gekocht schmecken sie leicht bitter, da sich durch das Erhitzen Bitterstoffe aus den winzigen grünen Kernchen herauslösen. Aufgepasst! Der heimischen Wald-Erdbeere sehr ähnlich sind sogenannte „Scheinerdbeeren" wie das Erdbeer-Fingerkraut *(Potentilla sterilis)* und die gelb blühende Indische Scheinerdbeere *(Potentilla indica)*. Beide werden zur Zierde in Gärten gepflanzt und verwildern von hier aus auch. Ihre Früchte sind im Prinzip essbar, jedenfalls nicht giftig – sie schmecken nur nicht.

Wilde Himbeere

Ihre Früchte sind aromatisch und süß und deshalb besonders bei Kindern beliebt. Sehr lecker: eingebacken in Muffins oder als heiße Eissoße.

REIFE HIMBEEREN

HIMBEERBLÄTTER SCHMECKEN GUT ALS TEE UND KÖNNEN AUF VORRAT GETROCKNET WERDEN.

STECKBRIEF

NAME: *Rubus idaeus* – Rosengewächse

FRUCHTREIFE: Juli bis September

HÖHE: 80–150 cm

LEBENSRAUM: Waldränder, Hecken, Gebüsche und Wiesenränder

TYPISCH: ihr unverwechselbarer Geschmack

SAMMELN: reife Früchte und Blätter

HIMBEERE ODER UNREIFE BROMBEERE?

Himbeeren können mit unreifen, noch hellroten Brombeeren verwechselt werden. Achte darauf, dass sich die Früchte mühelos vom Blütenboden abzupfen lassen. Unreife Brombeeren sind hart und sauer, du wirst sie nicht essen wollen. Und wenn es doch geschehen ist, dann macht es nicht viel aus, denn wilde Brombeeren (Seite 118/119) sind ebenfalls essbar – wenn auch besser vollreif, also weich und schwarz. Wilde Himbeeren sind klein, aromatisch und sehr empfindlich, das heißt, sie vermatschen schnell. Daher solltest du sie zu Hause unverzüglich roh verzehren oder verarbeiten.

Berberitze (Sauerdorn)

Obwohl Berberitzenfrüchte sehr sauer sind, nutzt man sie gern als Nahrungsergänzung, denn sie enthalten viel Vitamin C, Mineralstoffe und Spurenelemente.

NICHT IN PARKS UND GÄRTEN PFLÜCKEN!
Berberitzenfrüchte schmecken sehr sauer und werden besser zusammen mit süßem Obst wie Äpfeln oder Birnen verkocht (Kerne absieben). Sehr lecker sind sie als herzhaft-süßes Chutney (Seite 16/17). Eine aus Asien stammende Berberitze, die Thunberg-Berberitze *(Berberis thunbergii)*, wird als Zierstrauch in Gärten und Parkanlagen gepflanzt und kommt hier in vielen verschiedenen Sorten vor. Sie alle sind der heimischen Berberitze sehr ähnlich. Jedoch gelten ihre Früchte als schwach giftig! Daher Berberitzenfrüchte bitte immer nur in freier Natur pflücken.

FRUCHTTRAUBE

AUCH „ESSIGBEEREN“ GENANNT

BLÄTTER UND RINDE DER BERBERITZE SIND SCHWACH GIFTIG UND DÜRFEN NICHT GENUTZT WERDEN!

STECKBRIEF

NAME: *Berberis vulgaris* – Berberitzengewächse

FRUCHTREIFE: Mai bis Juni

HÖHE: 2–3 m

LEBENSRAUM: halbschattige und sonnige Waldränder, Hecken und Gebüsche

TYPISCH: Sehr dorniger Strauch, lange, ovale Früchte hängen in Trauben.

SAMMELN: die reifen, korallenroten Früchte

Roter Holunder (Berg-Holunder)

Er ist dem bekannten Schwarzen Holunder (Seite 110/111) ähnlich und wird auch so genutzt. Nur sind seine reifen Früchte korallenrot.

VII VIII

SCHAU GENAU AUF DIE BLÄTTER, UM VERWECHSLUNGEN MIT VOGELBEEREN UND MEHLBEEREN AUSZUSCHLIESSEN.

BLÄTTER HOLUNDER-TYPISCH

STECKBRIEF

NAME: *Sambucus racemosa*
Moschuskrautgewächse

FRUCHTREIFE: Juli bis August

HÖHE: 1,5–3 m

LEBENSRAUM: Nadelwälder und -forste, Waldlichtungen und -säume

TYPISCH: Früchte kleiner als vom Schwarzen Holunder und reif rot

SAMMELN: die roten Früchte

DIE KERNE ABSIEBEN

Im Gegensatz zu den hängenden, schirmförmigen, reif schwarzen Fruchtdolden des Schwarzen Holunders sind die reif roten Fruchtstände vom Roten Holunder eher eiförmig und „schauen zum Himmel". Roh sind die Früchte beider Sträucher leicht giftig, gekocht werden sie aber von alters her hoch geschätzt und ergeben leckere Fruchtsuppen und -muse. Da die Kerne Giftstoffe enthalten, müssen sie nach dem Erhitzen abgesiebt werden. Manche Menschen vertragen die Früchte des Roten Holunders dennoch nicht – bitte erst kleine Mengen ausprobieren.

Schwarzer Holunder (Seite 50/51)

Bei uns auf dem Land nennt man sie „Fliederbeeren“ und den Saft daraus „Fliederbeersaft“ – gemeint ist damit immer der Schwarze Holunder.

STECKBRIEF

NAME: *Sambucus nigra*
Moschuskrautgewächse

FRUCHTREIFE: August bis Oktober

HÖHE: 3–7 m

LEBENSRAUM: Waldsäume, Hecken, Knicks und Wiesen

TYPISCH: 5- bis 7-fach gefiederte Blätter, zur Fruchtreife hängende Dolden

SAMMELN: die Dolden mit den schwarz glänzenden Beeren

GIFTIGER KLEINER BRUDER!

Typisch für den Schwarzen Holunder sind seine schirmartig ausgebreiteten Dolden. Zur Blütezeit (Seite 50/51) stehen sie aufrecht. Die Früchte sind erst grün, dann violett und schließlich schwarz. Mit zunehmender Fruchtreife biegen sich die Dolden unter der Last der saftigen

HOLUNDERBEEREN SIND ROH SCHWACH GIFTIG – DAHER BITTE NUR GEKOCHT GENIESSEN!

GANZE DOLDEN ERNTEN

KÖSTLICHER PUNSCH

Die Beeren abbrausen, mit einer Gabel von den Stängeln streifen und mit 1 Teil Wasser und 1 Teil Apfelsaft im Kochtopf erhitzen. Etwa 10 Minuten lang köcheln lassen – so lange, bis alle reifen Beeren aufgeplatzt sind und sich die Flüssigkeit im Topf schön weinrot färbt. Durch ein Sieb gießen und nach Geschmack mit Honig, Zucker oder Zimt würzen.

Beeren nach unten, bis sie schließlich hängen – ein wichtiges Unterscheidungsmerkmal zum deutlich kleineren, krautig wachsenden, giftigen Zwerg-Holunder (Seite 136): Seine schwarzen Beeren stehen in aufgerichteten Dolden.

SAMMELN & VERARBEITEN

Am einfachsten lassen sich die Beeren sammeln, indem man die ganzen Dolden mit einer Schere abschneidet und so nach Hause transportiert. Die Dolden im Ganzen waschen und erst dann die Beeren von den Stielen lösen, was gut mit einer Gabel funktioniert. Wer nicht alles auf einmal verarbeiten möchte, kann einen Teil der Beeren für später einfrieren. Die Früchte können zu Saft, Sirup, Gelee oder Fruchtsuppe verkocht werden, die Kerne werden dabei stets abgesiebt.

SCHWARZE BEEREN GEGEN VIREN

In der Volksmedizin spielt der Holunderstrauch seit jeher eine überragende Rolle. Seine Blüten sind heute ein anerkanntes Heilmittel zur Behandlung von Erkältungskrankheiten: Sie bringen den Körper ins Schwitzen und wirken entzündungshemmend. Obwohl den Beeren die offizielle Anerkennung als Arzneimittel noch fehlt, deuten Untersuchungen darauf hin, dass sie sogar in der Lage sind, Viren wie den Grippevirus und Bakterien wie *Heliobacter pylori*, einen Magenkeim, erfolgreich zu bekämpfen.

Mahonie

Wem Mahoniensträucher mit ihren gelben Blütentrauben bereits aus dem Frühjahr bekannt sind, kann ab August unbesorgt ihre Früchte genießen.

Die Blätter ähneln denen der Stechpalme, die sehr giftige, leuchtend rote Früchte trägt!

STECKBRIEF

NAME: *Mahonia aquifolium*
Berberitzengewächse

FRUCHTREIFE: August bis September

HÖHE: 50–150 cm

LEBENSRAUM: Parks und Gärten, von hier aus in Gebüsche und trockene Wälder verwildert

TYPISCH: erbsengroße, blau bereifte Beeren, Blätter glänzend wachsig

SAMMELN: die reifen Beeren

GEPFLANZT IN PARKS UND GÄRTEN
Mahoniensträucher stammen aus Nordamerika, wo die Früchte über viele Jahrhunderte von den indigenen Völkern gesammelt und gegessen wurden. In Europa finden wir sie hauptsächlich in Gärten und Parks, gelegentlich auch verwildert. Die blau-schwarzen Früchte schmecken herb säuerlich-bitter und erinnern an Schwarze Johannisbeeren. Gekocht als Suppe oder Fruchtmus sind sie sehr gut für die Verdauung (leicht giftige Kerne absieben), roh sollte man sie nur in kleineren Mengen zu sich nehmen, da rohe Früchte abführend wirken (Kerne ausspucken).

Blaubeere (Heidelbeere)

Beim Blaubeer-Pflücken ist Achtsamkeit geboten, denn es gibt eine giftige Doppelgängerin: die Rauschbeere. Beide können direkt nebeneinander wachsen!

STECKBRIEF

NAME: *Vaccinium myrtillus*
Heidekrautgewächse

FRUCHTREIFE: Juli bis September

HÖHE: 15–50 cm

LEBENSRAUM: Nadelwälder und -forste, Heidegebiete, lichte Laubwälder

TYPISCH: grüne Stängel mit scharfen Kanten, rotes Fruchtfleisch

SAMMELN: die reifen, blauschwarzen Früchte

ACHTE AUF DIE STÄNGEL

ROH UND GEKOCHT SEHR LECKER, ABER VORHER IMMER GRÜNDLICH WASCHEN.

DIE FINGER MÜSSEN ROT WERDEN

Blaubeeren sind nicht nur lecker, sondern auch ein Heilobst: Die weinroten Farbstoffe der Beeren (Anthocyane) wirken entzündungshemmend und stärken unsere Immunabwehr. Sie eignen sich auch gut als Beigabe zu winterlichen Früchtetees. Beim Sammeln musst du dir jeden Strauch genau anschauen, um nicht versehentlich zur giftigen Rauschbeere (Seite 137) zu greifen. Die Zweige der Blaubeere sind grün und scharfkantig geflügelt, ihre Blätter beiderseits grasgrün und am Rand gesägt, und wenn du ihre Früchte zerquetschst, färben sie die Finger rot.

Schlehe

Aus der Schlehe wurden Pflaumen und Mirabellen gezüchtet. Dazu kreuzte man sie mit der Kirschpflaume (*Prunus cerasifera*, Seite 125).

STECKBRIEF

NAME: *Prunus spinosa* Rosengewächse

FRUCHTREIFE: Oktober bis Dezember

HÖHE: 1–3 m

LEBENSRAUM: Gebüsche, Hecken und Waldränder

TYPISCH: sehr dorniger Strauch, Früchte rund, um 1,5 cm groß, blau, bereift

SAMMELN: blaue Früchte

BLAUES WUNDER VOR DEM WINTER

Die Kombination aus sehr dornigem, großem Strauch mit 1,5 cm großen, dunkelblauen, bereiften, kugeligen Früchten macht die Schlehe unverwechselbar. Noch einfacher wird es, wenn du erst ab Mitte November sammeln gehst – ohne Blätter fällt das schwarzbraune, dornige Geäst sofort ins Auge und du wirst in der Hecke nichts Ähnliches mehr finden. Außerdem sind Schlehen erst spät wirklich gut reif, dann kannst du sie auch ruhig mal roh kosten. So reif lassen sie sich zudem auch besser verarbeiten.

SCHLEHEN ENTHALTEN VIEL VITAMIN C UND SIND DESHALB AUCH GETROCKNET MEHRERE MONATE LANG HALTBAR.

ERNTE IM SPÄTHERBST

SCHLEHENLIKÖR

Die Schlehen abbrausen und dann mit einer dicken Nadel oder einem Messer anpiksen. Die Früchte in ein Weithalsglas geben, es sollte zur Hälfte damit befüllt sein. Dazu gibst du 2–4 Esslöffel Kandiszucker und 2 Zimtstangen. Mit Wodka (40 %) auffüllen, 6 Wochen ruhen lassen, absieben und in eine saubere Flasche abfüllen. Hält ungekühlt 1 Jahr und länger.

STEINZEITFRÜCHTE

Ausgrabungen brachten ans Tageslicht, dass bereits die Menschen der Jungsteinzeit vor 5.000 Jahren reichlich Gebrauch von Schlehen machten. Im Mittelalter nutzte man sie zur Behandlung von Durchfallerkrankungen – die zusammenziehend schmeckenden Gerbstoffe heilen entzündete Darmschleimhäute –, bei Entzündungen in der Mundhöhle sowie gegen Halsschmerzen und Erkältungen. Diese Anwendungen machen angesichts ihrer in der Neuzeit entschlüsselten Wirkstoffe wie B-Vitamine, Vitamin C und Flavonoide auch Sinn.

SAMMELN & ZUBEREITEN

Schlehenfrüchte sollten sich bei der Ernte leicht vom Zweig lösen, dann sind sie richtig reif und lecker. Aber aufgepasst: Die Dornen piksen sehr und weite Kleidung verfängt sich gern darin. Zu Hause die Früchte abbrausen und entweder sofort zu Saft, Marmelade oder Likör verarbeiten oder erst einmal einfrieren. Das empfiehlt sich v. a., wenn die Früchte noch recht hart sind: Durch das Einfrieren lässt sich die feste Außenhaut leichter eindrücken und der Saft kann besser austreten. Die Kerne müssen stets abgesiebt werden.

Wacholder

Wacholder wächst häufig in Naturschutzgebieten wie Heiden, wo beim Sammeln selbstverständlich örtliche Naturschutzbestimmungen einzuhalten sind.

STECKBRIEF

NAME: *Juniperus communis* Zypressengewächse

FRUCHTREIFE: August bis Oktober

HÖHE: 0,2–5 m

LEBENSRAUM: Heiden, Magerwiesen, Felsküsten, Hochgebirgswiesen, lichte Nadelwälder

TYPISCH: Nadeln immer zu dritt in Quirlen, Frucht 5–8 mm, schwarz-blau und bereift

SAMMELN: die reifen Früchte

DEM MAGEN WOHLBEKÖMMLICH

Wacholderbeeren sind würzig, weich und süßlich-harzig. Sie können frisch, aber auch getrocknet verwendet werden, wobei sie getrocknet etwa ein Jahr lang haltbar sind. Ihre Heilkraft „für das Brechen der Schmerzstoffe im Bauch" wurde bereits vor 3.600 Jahren im ägyptischen „Papyrus Ebers" beschrieben. So gart man sie von alters her mit fetten Speisen, um diese bekömmlicher zu machen, oder man genehmigt sich nach reichhaltigen Mahlzeiten einen verdauungsfördernden Magenbitter aus Wacholder.

GEWÜRZ & HEILMITTEL

Wacholderbeeren regen die Abgabe von Verdauungssäften an, wirken krampflösend und harntreibend. Sie können roh vom Strauch genascht werden, angequetscht als Gewürz mit Speisen zusammen gekocht oder Magenbittern zugefügt werden. Wichtig ist, Wacholderbeeren nicht überzudosieren: Als Richtlinie gilt eine Tagesdosis von maximal 10 Wacholderbeeren, nicht länger als 4–6 Wochen lang einnehmen. Nicht anwenden bei entzündlichen Nierenerkrankungen und während einer Schwangerschaft!

TÖDLICH GIFTIGER DOPPELGÄNGER

Der Wacholder hat einen tückischen, lebensgefährlichen Doppelgänger: Der Sadebaum (*J. sabina*, Seite 138) kommt wild bei uns in Mitteleuropa zwar nur in den Alpen vor, erfreut sich aber leider großer Beliebtheit als Garten- und Friedhofspflanze. Bereits kleine Mengen seiner Zweigspitzen oder Beeren rufen bei Menschen und Tieren irreversible Lähmungen mit tödlichem Ausgang hervor. Daher gilt: Wacholder nur dann selbst ernten, wenn du ihn wirklich zu 100 % zweifelsfrei bestimmen kannst!

WÄHREND DER SCHWANGERSCHAFT AUF DEN GENUSS VON WACHOLDERBEEREN VERZICHTEN!

LEICHT ANQUETSCHEN

WÜRZTEE

Wacholdertee wärmt innerlich und wirkt entzündungshemmend bei rheumatischen Erkrankungen, Blasenentzündungen und bei Magen-Darm-Beschwerden. Einen Teelöffel angequetschter Beeren mit 250 ml heißem (nicht mehr kochendem) Wasser übergießen, mit geschlossenem Deckel 20 Minuten ziehen lassen. Zwei- bis dreimal täglich eine Tasse.

Brombeere

Sie hätte endlose Loblieder verdient! Kaum eine Frucht ist so wertvoll wie sie, wenn es darum geht, unser Immunsystem zu stärken.

VIII / X

ERST ROT, DANN GLÄNZEND SCHWARZ

STECKBRIEF

NAME: *Rubus fructicosus* agg. Rosengewächse

FRUCHTREIFE: August bis Oktober

HÖHE: 1–3 m

LEBENSRAUM: Gebüsche, Waldsäume, Hecken, Böschungen und Wiesen

TYPISCH: dornige Äste und Blätter, Früchte reif schwarz glänzend

SAMMELN: die reifen, schwarzen Früchte

BLAUE GRÜTZE

Damit hat meine Oma uns als Kinder gepäppelt und wir haben es geliebt: Frische Brombeeren mit etwas Wasser und Zucker nach Geschmack köcheln lassen, bis ein Brei entsteht. In diesen blubbernden Brei nach und nach Hartweizengrieß rieseln lassen, dabei immer kräftig rühren – so lange, bis die Konsistenz stimmt. Lecker mit kalter Milch und Vanillezucker.

STACHELKÖNIGIN

Brombeeren erkennt man leicht an ihren weit überhängenden, sehr stacheligen Zweigen, die sich gern in der Kleidung verfangen. Dabei sind nicht nur die Zweige selbst mit kräftigen, hakig gebogenen Stacheln ausgerüstet, sondern auch die Nerven ihrer Blattunterseiten. Das Sammeln der leckeren, saftig-süßen Brombeeren ist deshalb eine ziemlich

BROMBEEREN LASSEN SICH GUT TROCKNEN. LECKER IN MÜSLI ODER TEE.

STACHELIG!

SO SIND SIE REIF

DIE ÄHNLICHE KRATZBEERE

piksige, aber auch lohnende Angelegenheit. Es gibt in Mitteleuropa sehr viele verschiedene Arten von Brombeeren, die aber alle gleichermaßen essbar sind.

FÜRS IMMUNSYSTEM

Wann immer möglich, solltest du Brombeeren direkt roh vom Strauch naschen, denn so ist ihr überaus gesunder Wirkstoffcocktail noch voll erhalten: In 100 g Brombeeren stecken 14–18 g reines Vitamin C, außerdem Vitamin A und wertvolle B-Vitamine. Sehr gesund sind auch ihre dunklen Pflanzenfarbstoffe. Sie schützen unsere Körperzellen vor Schädigungen, Entzündungen und Alterungsprozessen. Brombeeren enthalten außerdem besonders viele Mineralstoffe wie Magnesium und Eisen, Zink, Mangan und Kupfer.

NICHT VERWECHSELN MIT DER KRATZBEERE

Der Brombeere wirklich zum Verwechseln ähnlich ist die Kratzbeere *(R. caesius)*. Ihre Zweige sind nicht so stachelig wie bei Brombeeren, sie fühlen sich eher rau und kratzig an. Ihre Früchte sind aus weniger „Kügelchen“ zusammengesetzt als bei Brombeeren und diese halten auch nicht sehr fest zusammen. Pflückt man sie, so zerfallen sie meist schon in der Hand. Zudem sind ihre Früchte hellblau bereift und nicht schwarz glänzend. Kratzbeeren sind ebenso essbar wie Brombeeren, schmecken aber deutlich weniger süß und eher fade.

Gemeine Traubenkirsche

Ihre kleinen „Kirschen“ schmecken herb und zusammenziehend. Vorsicht: Nicht mit dem giftigen Kreuzdorn (Seite 139) verwechseln.

GROSSE KERNE, WENIG FRUCHTFLEISCH – ES LOHNT DENNOCH, SIE ZU PROBIEREN!

STECKBRIEF

NAME: *Prunus padus* – Rosengewächse

FRUCHTREIFE: Juli bis August

HÖHE: 1–15 m

LEBENSRAUM: nährstoffreiche Waldränder, Auenwälder, Nadelwälder

TYPISCH: kleine Kirschen, die in Trauben hängen

SAMMELN: die reifen, schwarzen Kirschen

ZWILLINGSSCHWESTERN

Die Kirschen sind nur etwa erbsenklein, glänzend schwarz und hängen immer in Trauben. Sie sind ebenso essbar wie andere Kirschen, schmecken aber eher zusammenziehend und etwas bitter, dabei aber sehr fruchtig. Wie bei anderen Kirschen auch, dürfen ihre Kerne nicht mitgegessen werden, da sie Blausäureglykoside enthalten. Sehr ähnlich und ebenso essbar sind die Kirschen der aus Nordamerika bei uns eingebürgerten Spätblühenden Traubenkirsche *(P. serotina)*: Sie trägt meist mehr Früchte und ihre Blätter sind ledrig und glänzend.

Kupfer-Felsenbirne

Ihre Früchte können in kleinen Mengen roh mitsamt Kernen gegessen werden, bei größeren Mengen, beispielsweise als Mus, lieber die Kerne entfernen.

VI VII

STECKBRIEF

NAME: *Amelanchier lamarckii* Rosengewächse

FRUCHTREIFE: Juni bis August

HÖHE: 1–10 m

LEBENSRAUM: lichte Wälder und Gebüsche, häufig gepflanzt zur Stadtbegrünung

TYPISCH: die vertrockneten Zipfel (Kelchreste) an den Früchten

SAMMELN: reife, blau-violette Früchte

ERINNERN AN BLAUBEEREN

KUPFERROTE BLÄTTER ZUR BLÜTEZEIT – DAHER IHR NAME

„ROSINENBAUM“

Sie stammt aus Nordamerika und ist häufig als Ziergehölz in Städten zu finden, aber auch verwildert kommt sie vor. Ihre in Europa heimische Schwester, die Gewöhnliche Felsenbirne *(A. ovalis)*, ist bei uns viel seltener anzutreffen, denn sie gedeiht bevorzugt an Felshängen. Was viele heute nicht mehr wissen: Die Früchte aller Felsenbirnen sind essbar. Daher rührt ihr alter Name „Rosinenbaum“. Ihre recht süßen Früchte dienten früher getrocknet als Rosinenersatz. Die Kerne dürfen mitgegessen werden, nur nicht in großen Mengen, da sie Blausäureglykoside enthalten.

Nuss, Kastanie & Co.

Eicheln, Kastanien und Bucheckern liegen in manchen Jahren massenhaft unter den Bäumen. Und immer wieder taucht die Frage auf, ob sie eigentlich auch essbar sind.

Früchte der Buche – essbar oder giftig?

ESSBAR ODER UNGENIESSBAR?

Die Antwort ist: Es kommt darauf an. Roh sind Eicheln, Bucheckern und Rosskastanien auf jeden Fall ungenießbar.

ROSSKASTANIEN

Sie enthalten Seifenstoffe, die in der Pflanzenheilkunde sparsam dosiert gegen Venenstauungen eingesetzt werden. Als Nahrungsmittel für Menschen sind sie gänzlich ungeeignet: Die Seifenstoffe rufen bei uns Übelkeit hervor.

EICHELN

Sie enthalten zusammenziehend schmeckende Gerbstoffe und sind roh ungenießbar. Wenn man die geschälten Eicheln über mehrere Tage in Wasser einlegt und spült, lösen sich viele Gerbstoffe heraus. Getrocknet kann man sie nun zu Eichelkaffee oder Mehl verarbeiten.

BUCHECKERN

Sie sind roh leicht giftig. Die Giftstoffe werden durch Rösten oder Abkochen jedoch zerstört. Dazu werden die Bucheckern mitsamt ihrer braun glänzenden Außenschale entweder in Wasser gekocht und anschließend geschält oder in der Pfanne samt Schale ohne Fett geröstet.

Haselnuss

Corylus avellana

VIII IX

Haselnusssträucher sind bei uns sehr häufig, tragen aber nicht jedes Jahr gleich gut. Reif sind die Nüsse, wenn ihre Außenschale braun verfärbt ist und sie sich leicht vom Ast pflücken lassen.

Walnuss

Juglans regia

IX X

Walnussbäume sind bei uns überwiegend angepflanzt. Ihre Nüsse sind reif, wenn die grüne Fruchtschale schwarz und rissig wird. Dann fallen sie vom Baum und können vom Boden aufgelesen werden.

Esskastanie

Castanea sativa

IX X

Esskastanienbäume wachsen in Mitteleuropa nur angepflanzt und in wintermilden Wäldern, im südlicheren Europa kommen sie häufig vor. Ihre Kastanien sind reif, wenn die Außenschale aufplatzt.

Rosskastanie

Aesculus hippocastaneum

IX X

Rosskastanien sind nicht näher mit Esskastanien verwandt und ihre Früchte sind ungenießbar. Die Bäume wurden im 16. Jahrhundert von der Balkanhalbinsel aus nach Mitteleuropa eingeführt.

Eichel

Quercus spec.

IX XI

Roh sind Eicheln ungenießbar, in Notzeiten und auch von nordamerikanischen Indianern wurden sie aber nach entsprechender Vorbehandlung als kohlenhydratreiches Nahrungsmittel genutzt.

Buchecker

Fagus sylvatica

IX X

In den stacheligen Fruchtbechern sitzen zwei dreikantige, braun glänzende Bucheckern. Roh sind sie leicht giftig, können nach Erhitzen und Schälen aber gegessen werden und schmecken leicht nussig.

Wildes Obst

Die Urahnen vieler unserer beliebten Obstsorten sind wild in freier Natur zu finden – auch bei uns. Manche, wie die Wilde Johannisbeere, unterscheiden sich dabei kaum von den Früchten aus Garten oder Supermarkt. Wildapfel und Wildbirne dagegen sind klein, innen holzig und werden erst überreif genießbar. In der Regel sind die Wildformen kleiner, saurer, fester und oft auch bitterer. Ihre derbe, saure Schale schützt sie auf natürliche Weise vor Pilzen und Bakterien.

Schwarze Johannisbeere

Ribes nigrum

VI VII

Wächst als 1–2 m hoher Strauch in flussnahen Wäldern. Herbsaure Früchte werden zu Saft oder Marmelade eingekocht. Sehr gut zum Vorbeugen gegen Erkältungskrankheiten.

Rote Johannisbeere

Ribes rubrum

VI VII

Die Wildform findet man in Flusswäldern. Wer ihre Blätter kennt, sollte Johannisbeeren nicht verwechseln können. Die Früchte selbst ähneln dem giftigen Bittersüßen Nachtschatten (Seite 132).

Stachelbeere

Ribes uva-crispa

VII

Stachelbeersträucher wachsen wild in Gebüschen und Wäldern, ihre Früchte sind kleiner als die der Gartenform. Da auch Gartensträucher verwildern können, ist eine Unterscheidung nicht einfach.

Wildapfel

Malus sylvestris

IX

Echte Wildäpfel sind höchstens 3,5 cm groß, grün oder gelb. Ihr Fruchtfleisch ist hart und holzig, schmeckt verkocht zu Apfelmus aber herb und lecker. Die Schalen liefern getrocknet einen fruchtigen Tee.

Speierling

Sorbus domestica

IX/X

Der seltene Wildobstbaum ist verwandt mit der Vogelbeere. Bei uns kommt er nur in wärmebegünstigten Gebieten vor. Die Früchte sind 2–4 cm groß, recht hart und schmecken am besten eingekocht.

Wildbirne

Pyrus pyraster

IX/X

Die Birnen der Wildform sind nicht birnenförmig, sondern eher rundlich, gelbgrün und nur 2–4 cm groß. Ihr Fruchtfleisch ist herbsauer, holzig und wird erst nach Lagerung weich und süßaromatisch.

Kirschpflaume

Prunus cerasifera

VI/VII

Der Wildobstbaum stammt aus dem Balkan, ist bei uns aber schon seit vielen Jahrhunderten eingebürgert. Die Früchte sind 2–3 cm groß und gelb bis kirschrot oder auch bläulich. Die Schale ist sehr sauer.

Mispel

Mespilus germanica

X/XI

Kleiner Baum, der im Mittelalter von den Römern eingebürgert wurde. Seine braunen, holzigen Früchte sind erst überreif genießbar, also nach den ersten Nachtfrösten, oder nach längerer Lagerung im Haus.

Weinrebe

Vitis vinifera

XIII/IX

Sie ist die Wildform unserer Weintrauben und ihre Früchte sind ebenso essbar. Reif sind sie gelblich bis grün oder auch violett. Wächst wild in Südeuropa und in wärmebegünstigten Gegenden Mitteleuropas.

Giftige Früchte

Wusstest du, dass unser bekannter Schwarzer Holunder einen gar nicht so seltenen giftigen Doppelgänger hat? Und dass selbst giftige Früchte verlockend süß schmecken können?

VERWECHSLUNGEN SICHER AUSSCHLIESSEN

Bevor du wild wachsende Früchte in freier Natur sammeln gehst, mache dich bitte unbedingt mit den ungenießbaren oder sogar giftigen Doppelgängern vertraut! Gerade beim Sammeln von Wildfrüchten kommt es jedes Jahr ab Spätsommer leider immer wieder zu Verwechslungen. Diese können harmlos sein und „nur“ zu Bauchschmerzen und Durchfall oder Erbrechen führen. Aber auch in unseren Breiten gibt es leider einige tödlich giftige Früchte wie die von Seidelbast und Sadebaum.

IM ZWEIFELSFALL

Bist du nicht zu hundert Prozent sicher bei der Bestimmung, dann gilt immer: Finger weg und auch nicht einmal probieren! Denn selbst giftige Arten können sehr gut schmecken, wie die Früchte des Aronstabs beweisen. Und bist du mal nicht sicher, was deine Kinder sich da in den Mund gesteckt haben, dann kontaktiere im Zweifelsfall bitte unbedingt die Vergiftungszentrale (siehe Anhang).

Wald-Geißblatt

BLÜTEN

STECKBRIEF

NAME: *Lonicera periclymenum*
Geißblattgewächse

FRUCHTREIFE: August bis September

HÖHE: 2–5 m

LEBENSRAUM: Wälder und Gebüsche

VERLOCKENDE LIANE IM WALD

Ihre Wuchsform ist unverkennbar: Das Wald-Geißblatt kriecht so lange über den Boden, bis es etwas ergattert, an dem es emporklettern kann. Daran schraubt es sich nach und nach mit seinem holzigen Stängel hoch. Die Früchte sehen saftig und verlockend aus – erzeugen aber Übelkeit und Durchfall.

Stechpalme

BLÄTTER DORNIG GEZÄHNT

BLÜTEN WEISS

STECKBRIEF

NAME: *Ilex aquifolium*
Stechpalmengewächse

FRUCHTREIFE: September bis Januar

HÖHE: 1–6 m

LEBENSRAUM: im Unterwuchs von Wäldern

BLÄTTER ÄHNLICH DER MAHONIE (SEITE 112)

Der immergrüne Strauch oder Kleinbaum wächst bei uns wild im Halbschatten von Bäumen. Er wird wegen seiner glänzenden immergrünen Blätter und den dazu kontrastierenden roten Früchten auch gern als Zierbaum gepflanzt. Beliebt als Weihnachtsschmuck, die Früchte sind jedoch giftig!

Zwergmispel

STECKBRIEF

NAME: *Cotoneaster spec.* Rosengewächse

FRUCHTREIFE: August bis Februar

HÖHE: 20–80 cm

LEBENSRAUM: Gärten, Parks, häufig auch an Straßen gepflanzt

AUF KLEINE KINDER AUFPASSEN

Zwergmispeln stammen aus China und werden als immergrüne Zwergsträucher bei uns sehr häufig in Gärten und Parks gepflanzt. Ihre verlockenden roten Beeren wachsen leider genau auf der Höhe 1- bis 3-jähriger Kinder. Ihr Verzehr ruft Erbrechen hervor, ist aber zum Glück nicht lebensbedrohlich.

Pfaffenhütchen

STECKBRIEF

NAME: *Euonymus europaeus* Spindelbaumgewächse

FRUCHTREIFE: September bis Dezember

HÖHE: 1,5–3 m

LEBENSRAUM: Laubwälder, Gebüsche und Hecken, gepflanzt in Parks

HÄUFIG, HÜBSCH & GIFTIG

Seine außergewöhnlich gefärbten Früchte verlocken Kinder leider immer wieder zum Sammeln und Probieren. Alle Teile des Strauchs, insbesondere aber die orangefarbenen Samen, sind stark bis tödlich giftig! Vergiftungssymptome wie Krämpfe und Lähmungserscheinungen können erst nach 12–18 Stunden auftreten.

Eibe

STECKBRIEF

NAME: *Taxus baccata*
Eibengewächse

FRUCHTREIFE: August bis Oktober

HÖHE: bis 15 m

LEBENSRAUM: nur noch gebietsweise wild im Unterwuchs von Wäldern, gepflanzt in Gärten, Parks und auf Friedhöfen

KEINE FICHTE!
Fichtennadeln (Seite 46/47) sind gesund, Eibennadeln und -samen sehr giftig! Die Eibe hat breit-flache Nadeln, die kaum piksen (kleines Foto links). Oberseits sind sie dunkelgrün, unterseits hellgrün (Fichte, kleines Foto rechts: Nadeln sind rundlich, steif und piksen sehr). Eibennadeln stehen gescheitelt, Fichtennadeln wachsen rings um den Zweig.

Seidelbast

STECKBRIEF

NAME: *Daphne mezereum*
Seidelbastgewächse

FRUCHTREIFE: August bis November

HÖHE: 40–120 cm

LEBENSRAUM: Wälder und Gebüsche, hauptsächlich im Hügelland und in Bergregionen

NICHT EINMAL ANFASSEN!
Der Seidelbast zählt zu den Giftpflanzen, von denen man sich unbedingt fernhalten sollte. Bereits Berührungen mit dem Saft von Blättern oder Rinde rufen Blasen und schwere Hautentzündungen hervor. Blätter und Früchte sind bei Einnahme stark giftig, schon 5–10 Beeren können tödliche Folgen haben.

Aronstab

STECKBRIEF

NAME: *Arum maculatum*
Aronstabgewächse

FRUCHTREIFE: Juni bis September

HÖHE: 15–40 cm

LEBENSRAUM: feuchte, nährstoffreiche Wälder, Gebüsche, Hecken und schattige Gärten

SÜSSE VERSUCHUNG

Die verlockend roten Früchte des Aronstabs wachsen auf der Höhe von Kleinkindern und leider ist ihr Geschmack sogar süßlich. So sind von Vergiftungen hauptsächlich kleinere Kinder betroffen. Vergiftungen mit Aronstab äußern sich in Reizungen der Schleimhäute, Erbrechen und Durchfällen. Auch Krampfanfälle wurden beschrieben.

Rote Heckenkirsche

STECKBRIEF

NAME: *Lonicera xylosteum*
Geißblattgewächse

FRUCHTREIFE: Mai bis Juli

HÖHE: 1–2 m

LEBENSRAUM: nährstoffreiche Wälder, Hecken und Gebüsche, auch gepflanzt als Zierstrauch

KEINE ECHTEN KIRSCHEN

Die Kirschen sind nur 5–7 mm groß, damit etwas kleiner als die der Vogelkirsche (Seite 101) und nicht oval wie bei der Kornelkirsche (Seite 102/103). Während bei der essbaren Vogelkirsche die Blattränder deutlich gezähnt sind, haben die Blätter der giftigen Roten Heckenkirsche ganz glatte Blattränder.

← GLATTE BLATTRÄNDER

Bittersüßer Nachtschatten

LILA-GELBE BLÜTEN

STECKBRIEF

NAME: *Solanum dulcamara*
Nachtschattengewächse

FRUCHTREIFE: August bis Oktober

HÖHE: 30–200 cm

LEBENSRAUM: Gebüsche, häufig in Gewässernähe

KLETTERSTRAUCH

Seine scharlachroten, etwas glasigen Früchte verführen zum Naschen, denn sie erinnern tatsächlich sehr an Johannisbeeren (Seite 124). Zudem wachsen sie noch häufig auf Kinderhöhe. Gute Unterscheidungsmerkmale sind die kletternde Wuchsform sowie seine ganzrandigen, am Rand nicht eingebuchteten Blätter.

Schwarzer Nachtschatten

STECKBRIEF

NAME: *Solanum nigrum*
Nachtschattengewächse

FRUCHTREIFE: September bis Oktober

HÖHE: 10–80 cm

LEBENSRAUM: Weg- und Ackerränder, Ödland, Weinberge

GIFTIGER KARTOFFEL-VERWANDTER

Seine Blüten erinnern an die Blüten von Kartoffelpflanzen und mit diesen ist der Schwarze Nachtschatten auch verwandt. Der Giftgehalt in Blättern und Früchten schwankt jahreszeitlich und regional, mancherorts wird die Pflanze sogar als Nahrungsmittel genutzt. Die enthaltenen Alkaloide gelten jedoch als stark giftig!

WEISSE BLÜTEN

Kirschlorbeer

STECKBRIEF

NAME: *Prunus laurocerasus* Rosengewächse

FRUCHTREIFE: August bis September

HÖHE: 1–3 m

LEBENSRAUM: gepflanzt als Zierstrauch in Gärten, Parks und auf Friedhöfen

BELIEBTER ZIERSTRAUCH

ALLES AN IHM IST GIFTIG

Seine immergrünen Blätter und die auffälligen Blütentrauben im Frühjahr machen den Kirschlorbeer zum beliebten Zierstrauch. Alles an ihm ist giftig, besonders aber seine Blätter und Samen. Die giftigen Glykoside führen zu Übelkeit und Brechreiz, in seltenen Fällen zu Atembeschwerden und Bewusstlosigkeit.

Liguster

STECKBRIEF

NAME: *Ligustrum vulgare* Ölbaumgewächse

FRUCHTREIFE: September bis Dezember

HÖHE: 0,5–5 m

LEBENSRAUM: Gebüsche, Waldränder, lichte Wälder und Gärten

DUFTENDE BLÜTENRISPEN

BELIEBT ALS SCHNITTHECKE

Obwohl er bei uns auch wild wächst, begegnet man dem Liguster am ehesten als Gartenbegrenzung, da er sich Formschnitte gut gefallen lässt. Dabei handelt es sich meist um Züchtungen, die auch wintergrün sind. Giftig sind insbesondere die glänzend schwarzen Früchte, sie hängen oft noch im Winter am Strauch.

Hartriegel

STECKBRIEF

NAME: *Cornus sanguinea*
Hartriegelgewächse

FRUCHTREIFE: Juli bis Oktober

HÖHE: 1–5 m

LEBENSRAUM: Hecken, Gebüsche und eher trockene Laubmischwälder

ZWEIGE IM HERBST ROT

Nur Blätter und Rinde sind für Menschen und Haustiere wie Kaninchen, Schafe und Pferde giftig. Die Beeren sind roh zwar bitter und sehr sauer und daher ungenießbar, aber nicht giftig. Wer sie kosten möchte, kann sie als Aromageber zusammen mit milderen Früchten zu Marmelade, Saft oder Chutney verkochen.

Faulbaum

STECKBRIEF

NAME: *Rhamnus frangula*
Kreuzdorngewächse

FRUCHTREIFE: August bis September

HÖHE: 1–4 m

LEBENSRAUM: feuchte Wälder und Gebüsche

WIRKT STARK ABFÜHREND

Alles am Faulbaum ist giftig und ruft Erbrechen und wässrige bis blutige Durchfälle hervor. Die getrocknete Rinde wird aber von alters her pharmazeutisch als Abführmittel genutzt. Ihr übler, fauliger Geruch gab dem Strauch seinen Namen. Wegen der Giftigkeit nicht zur Selbsttherapie geeignet!

Krähenbeere

STECKBRIEF

NAME: *Empetrum nigrum*
Heidekrautgewächse

FRUCHTREIFE: Juli bis August

HÖHE: 10–30 cm

LEBENSRAUM: Dünenheiden, Moore, zwischen Felsen, in Nadelwäldern

NADELARTIGE BLÄTTER

Blätter, Blüten und Rinde der Krähenbeere sind giftig, ihre Früchte hingegen essbar. Sie schmecken etwas fade und sauer, was auf ihren hohen Gehalt an Vitamin C hindeutet. In den skandinavischen Ländern werden Krähenbeeren seit jeher gesammelt und zu Säften, Marmeladen und Ansatzschnäpsen verarbeitet.

Tollkirsche

STECKBRIEF

NAME: *Atropa belladonna*
Nachtschattengewächse

FRUCHTREIFE: Juli bis Oktober

HÖHE: 50–150 cm

LEBENSRAUM: Wälder, Lichtungen, Waldränder

VON 5 BLATTZIPFELN UMGEBEN

Die verlockenden schwarzen „Kirschen“ reifen auf Kinderhöhe und schmecken auch noch süßlich! Typisches Erkennungsmerkmal: Jede Frucht ist immer in 5 Blattzipfel eingebettet. Bereits 3–4 Beeren können bei Kindern Symptome wie Herzrasen, Krämpfe, starre Pupillen, Halluzinationen und Lähmungen hervorrufen.

Zwerg-Holunder

STECKBRIEF

NAME: *Sambucus ebulus*
Moschuskrautgewächse

FRUCHTREIFE: Juni bis Juli

HÖHE: 60–150 cm

LEBENSRAUM: verbreitet besonders im Gebirge in Gebüschen, an Waldrändern und auf Lichtungen

GIFTIGER DOPPELGÄNGER DES SCHWARZEN HOLUNDERS

Wächst im Gegensatz zum Schwarzen Holunder (Seite 50/51) nicht verholzt, sondern krautig. Ein Blatt besteht meist aus 7–9 Einzelblättern (Schwarzer Holunder: meist 5). Die Staubbeutel sind leuchtend rot, später schwarz (Schwarzer Holunder: hellgelb). Die Beerendolden stehen aufrecht (nicht hängend).

Salomonssiegel

STECKBRIEF

NAME: *Polygonatum multiflorum*
Spargelgewächse

FRUCHTREIFE: August bis September

HÖHE: 30–60 cm

LEBENSRAUM: Laub- und Mischwälder

BLAUSCHWARZ & BEREIFT

Charakteristisch ist sein krautiger Wuchs im Schatten des Waldes: Der Stängel wächst übergebogen, wobei Blüten und Früchte immer versteckt unter den grünen Blättern hängen. Es sind stets 3–4 Blüten bzw. Früchte an einem kurzen Stiel zusammengewachsen. Die ganze Pflanze ist giftig, besonders die Beeren.

Einbeere

STECKBRIEF

NAME: *Paris quadrifolia*
Germergewächse

FRUCHTREIFE: Juli bis September

HÖHE: 10–30 cm

LEBENSRAUM: feuchte, nährstoffreiche Wälder und Gebüsche

FUCHSAUGE

Wolfsbeere, Krähenauge oder Fuchsauge nennt man sie im Volksmund – tatsächlich erinnern Einbeeren an große dunkle Augen, die vom Waldboden nach oben schauen. Die Früchte sehen verlockend aus, sind aber giftig. In kleinen Mengen erzeugen sie Übelkeit und Erbrechen, in größeren Mengen Lähmungserscheinungen.

Rauschbeere

STECKBRIEF

NAME: *Vaccinium uliginosum*
Heidekrautgewächse

FRUCHTREIFE: August bis November

HÖHE: 10–90 cm

LEBENSRAUM: Wälder und Moore

KEINE BLAUBEEREN

Rauschbeeren können Erregungszustände und Erbrechen hervorrufen. Im Gegensatz zur Blaubeere (Seite 113) sind ihre Äste braun und stielrund (nicht grün und kantig), die Blätter ganzrandig (nicht am Rand gesägt) und oberseits blaugrün (nicht grasgrün), unterseits heller graugrün. Das Fruchtfleisch ist weißlich (nicht rot).

Efeu

STECKBRIEF

NAME: *Hedera helix*
Araliengewächse

FRUCHTREIFE: Januar bis April

HÖHE: 0,5–20 m

LEBENSRAUM: Kriecht oder klettert in Wäldern, Parks und Gärten an Bäumen, Mauern und Hauswänden empor.

IM WINTER REIF

Efeubeeren werden von Wildvögeln sehr gern gefressen und auch gut vertragen. Sie sind bei ihnen gerade deshalb so beliebt, weil sie mitten im Winter reif werden – zu einer Zeit, in der es draußen sonst kaum noch schmackhafte Früchte gibt. Für Menschen sind die Beeren giftig. Sie erzeugen Brechdurchfälle und Atemlähmungen.

Sadebaum

STECKBRIEF

NAME: *Juniperus sabina*
Zypressengewächse

FRUCHTREIFE: August bis September

HÖHE: 0,2–4 m

LEBENSRAUM: alpine Felshänge und Gebüsche, gepflanzt häufig in Gärten, Parks und auf Friedhöfen

TÖDLICH GIFTIGER STINKWACHOLDER

Der Sadebaum wird häufig mit dem Wacholder (Seite 116/117) verwechselt. Typisch sind seine schuppenförmigen Blätter (der Wacholder hat sehr spitze Nadeln), jedoch findet man an jungen Sadebaumzweigen auch nadelförmige Blätter. Vergiftungen äußern sich in blutigem Urin und Lähmungen bis hin zum Tod.

Kreuzdorn

STECKBRIEF

NAME: *Rhamnus cathartica*
Kreuzdorngewächse

FRUCHTREIFE: September bis Oktober

HÖHE: 1–3 m

LEBENSRAUM: Gebüsche, Wälder und Hecken

FRÜCHTE WIRKEN STARK ABFÜHREND

Die giftigen schwarzen Früchte ähneln Traubenkirschen (Seite 120), bei genauerem Hinschauen und -fühlen sind die Unterschiede jedoch deutlich. Die Zweige vom Kreuzdorn enden häufig in einem spitzen Dorn und seine Früchte sitzen an kurzen Stielen, während Traubenkirschen in lang gestielten Trauben hängen.

Schneebeere

STECKBRIEF

NAME: *Symphoricarpos albus*
Geißblattgewächse

FRUCHTREIFE: August bis Dezember

HÖHE: 1–2 m

LEBENSRAUM: Gärten, Parks, mancherorts verwildert

FRÜCHTE OFT NOCH IM WINTER AM STRAUCH

Die schier unverwüstliche Schneebeere stammt aus Nordamerika. Bei uns ist sie ein häufig gepflanzter Strauch in der Stadtbegrünung, in Parks und Gärten. Ihre Früchte werden gern von Kindern als „Knallerbsen“ zerplatzt. Werden sie gegessen, erzeugen die Beeren Brechdurchfälle und Schleimhautreizungen.

SERVICE

NÜTZLICHE ADRESSEN

www.verband-botanischer-gaerten.de/pages/liste.html
Liste der botanischen Gärten in Deutschland, den Niederlanden, Österreich und der Schweiz. Wir möchten unseren Lesern den Besuch eines oder mehrerer botanischer Gärten sehr ans Herz legen, da hier das Kennenlernen von essbaren und giftigen Pflanzen leicht gelingt!

www.vergiftungszentrale.de
Seite vom Bundesamt für Verbraucherschutz und Lebensmittelsicherheit mit Verlinkung zu Listen der Giftnotrufzentralen und Giftinformationszentren in Deutschland, Österreich und der Schweiz.

www.gizbonn.de/284.0.html
Informationszentrale gegen Vergiftungen Universitätsklinikum Bonn, Zentrum für Kinderheilkunde. Neben konkreten Anweisungen, was im Fall einer Vergiftung zu tun ist, findet sich hier eine umfangreiche Datenbank giftiger Pflanzen und ihrer Wirkstoffe.

ZUM WEITERLESEN

Bastgen, C. et al.: **Welche essbare Wildpflanze ist das?** Über 300 Wildpflanzen Europas. Mit Erklärflimen zur einfacheren Bestimmung. Franckh Kosmos Verlag 2024.

Beiser, R.: **Unsere essbaren Wildpflanzen.** Bestimmen, sammeln, zubereiten und genießen. Franckh Kosmos Verlag 2022

Bosch, M.: **Wildkräuter am Blatt erkennen.** 66 essbare und giftige Arten. Franckh Kosmos Verlag 2023.

Diez, O: **Unsere essbare Natur.** Wildkräuter, Bäume, Sträucher und Pilze. Franckh Kosmos Verlag 2023

Diez, O.: **Ein gutes Dutzend wilde Beeren. Finden & Genießen.** Die Top 12 essbarer Beeren. Franckh Kosmos Verlag 2020.

Dreyer, E.-M.: **Essbare Wildpflanzen und ihre giftigen Doppelgänger.** Wildkräuter sammeln – aber richtig. Franckh Kosmos Verlag 2023.

Fleischhauer, S. G., Guthmann, J., Spiegelberger, R.: **Enzyklopädie Essbare Wildpflanzen.** 2000 Pflanzen Mitteleuropas. Bestimmung, Sammeltipps, Inhaltsstoffe, Heilwirkung. AT Verlag 2013.

Hecker, K., Hecker, F.: **Heilsame Wildpflanzen im Rhythmus der 10 Jahreszeiten sammeln und anwenden.** Haupt Verlag 2019.

Hecker, K., Hecker, F.: **Mach was draus.** Mit der Natur durch Frühjahr und Sommer. Franckh Kosmos Verlag 2023

Hecker, K., Hecker, F.: **Mach was draus**. Mit der Natur durch Herbst und Winter. Franckh Kosmos Verlag 2021

Spohn, M., Golte-Bechtle, M., Spohn, R.: **Was blüht denn da?** Franckh Kosmos Verlag 2021.

Stumpf, U.: **Heilpflanzen und ihre giftigen Doppelgänger.** Heilpflanzen sammeln – aber richtig. Franckh Kosmos Verlag 2023.

ARTREGISTER

REZEPTREGISTER

* Quelle: Media Control MC Metis, Deutschland, FY 2021, WG 420- Natur und WG 422-Naturführer, Umsatz

IMPRESSUM

Mit 350 Farbfotos von **Heiko Bellmann / Frank Hecker** (S. 27 r., 28, 54 u.l., 54 u.r., 62, 77 o.r. (Einklinker), 85 u.l., 86 o.r., 95 r., 122, 137 o.r., Klappe hinten (Pfaffenhütchen)), **shutterstock © Paladin12** (Untergrund Klappen) und **Frank Hecker** (alle weiteren).

Umschlaggestaltung von GRAMISCI Editorial, Design, München, unter Verwendung von zwei Aufnahmen von Frank Hecker

Unser gesamtes Programm finden Sie unter **kosmos.de**
Über Neuigkeiten informieren sie regelmäßig unsere Newsletter, einfach anmelden unter **kosmos.de/newsletter**

MIX
Papier | Fördert gute Waldnutzung
FSC® C110508

Gedruckt auf chlorfrei gebleichtem Papier

Pfizerstr. 5–7, 70184 Stuttgart
info@kosmos.de

ISBN 978-3-440-17681-8
Redaktion: Claudia Salata
Gestaltungskonzept: GRAMISCI Editorialdesign, München
Satz: Walter Typografie & Grafik GmbH, Würzburg
Produktion: Markus Schärtlein
Druck und Bindung: Westermann Druck Zwickau
Printed in Germany / Imprimé en Allemagne

DIE AUTOREN

Katrin Hecker

Frank Hecker

Katrin und Frank Hecker sind Diplom-Biologen mit den Schwerpunkten Botanik, Zoologie und Meeresbiologie. Gemeinsam leben und arbeiten sie als Naturfotografen und Autoren auf ihrem Wildwuchs-Grundstück mit Wald, Bach und Wiesen im schleswig-holsteinischen Panten. Im Rhythmus mit der Natur heimische Kräuter, Wurzeln und Früchte zu sammeln gehört zu ihrem Leben ebenso selbstverständlich dazu wie ihre zwei Kinder, eine Schar Hühner, Schafe und Hunde. Liebend gern geben sie ihr über viele Jahre gewachsenes, vielfach erprobtes Wissen über die kostbaren Naturschätze an ihre Leserinnen und Leser weiter. Ihre an die 50 verschiedenen Sachbücher für Kinder und Erwachsene wurden in viele verschiedene Sprachen übersetzt und die Naturfotos aus ihrem umfangreichen Bildarchiv erscheinen regelmäßig in namhaften Zeitschriften und Sachbüchern.

Auf Facebook können Sie auch direkt Kontakt mit unseren Autoren über ihre Seite „naturverbunden" unter **www.facebook.com/katrinundfrank.hecker** aufnehmen.

Mehr zu unseren Autoren, ihren Büchern und Fotos finden Sie unter **www.naturfoto-hecker.de.**

Katrin sammelt junge Birkenblätter für einen Tee.

Beim Fotografieren greift Frank ab und zu auch zu kleinen „Tricks".